JN287600

地上資源が地球を救う

都市鉱山を利用するリサイクル社会へ

馬場研二 著

技報堂出版

まえがき

二〇〇一年から三〇〇〇年までの新たなミレニアムが始まり、はや八年が過ぎた。一九世紀の産業革命以降、人口爆発、経済成長、環境汚染が同時に進行している。次のミレニアムを見わたして、小さくなった地球で多くの人がいかに生きるかという羅針盤が今求められている。地球の物理的現実に照らして、どのような哲学で生きてゆくのかが、課題なのである。

日本は環境基本法、循環型社会形成促進基本法を上位概念として、家電リサイクル法、自動車リサイクル法などの施策を次々に打ってきた。高度成長期の公害問題で苦い経験と犠牲を払い、その対策によって環境技術が進展した日本は、今後、持続可能社会の形成についてグローバルに貢献することが求められている。一つは、これから成長してゆく国々、BRICsなどに対して日本の経験、技術、施策を移転すること。もう一つは、ヨーロッパなど先進的に環境重視社会をつくってきた国々に対して、日本のリサイクル社会のモデルのよい点を参考にしてもらうこと。これらは、いうなれば日本の歴史的使命といえる。

本書は、著者が社会人になってから携わってきた環境分野の研究・開発・事業運営の経験にもとづいている。とくに、約一〇年間携わった家電リサイクル事業の経験から着想を得た。現場と現実を肌で感じ、経験をふまえて考え始めた問題意識を社会に問うてみたいと考えたのである。

環境問題は多岐にわたっているが、著者は廃棄物問題や資源循環という視点から、物理的な現実を直感的に見据えて、地球市民の生き方に問題提起をしたい。自明のことだが、地球が定員オーバーになり、住める環境が維持できなくなれば、そもそも社会そのものが物理的に継続しえない。社会は、個人、行政、企業からなる。このなかで、多くの企業は、新たな価値の創造を中核とする経済的目標だけでは、持続可能な社会を生きてゆけないことに気づき始めている。ＣＳＲ（Corporate Social Responsibility：企業の社会的責任）を理解している経営者は、従業員の幸福、地域への貢献、地球への貢献へと、企業の存在意義と使命・目標を進化させている。環境は「事業」の対象かもしれないが、その「事業」が持続可能でなければ会社も成立しないし、企業が公器である以上どのように社会に貢献するかという哲学が強く求められる。

地球を一つの企業と見立て、その経営、つまり有限で枯渇する資源、有限の土地、増大する人口という経営バウンダリーを前提に、いかに地球を経営するかという切り口で、今後の持続可能社会を見わたしてゆくことが必要になってくる。本書がその資源問題での糸口になることを、僭越ながら願っている。

さて、本書の内容について少しふれたい。本書は、持続可能社会に漸近する方法論のなかで資源循環の面から提言するものである。「資源循環」には水の循環もあれば、食料や有機廃棄物の循環もあるが、本書はこれらのなかで、現代文明を支えている電機・電子製品に注目している。これらはレアメタルを含むあらゆる金属や、石油から製造されるプラスチックを含んでいて、原料となる鉱物資源や化石燃料は「地下」にあって枯渇してゆく。しかし、金属資源や、化石燃料からつくったプラスチックは、資源の存在場所が「地下」から「地上」に移行しているだけで、なくなったわけではない。そこで、これらを「地上資源」ということにする。「地上資源」とは「地下資源」の対極をなす概念である。とくに、金属類は地下の再生不能資源と見なされていたが、地上ではリサイクル可能であることに注目している。そして、地上資源リサイクルはすでに、家電やパソコンのリサイクルでは始まっていることを強調したい。この先進的な家電リサイクルの経験を敷衍し実行してゆけば、日本が世界に貢献できると思うからである。

最後に、本書を執筆するに際してご指導頂いた方々にお礼を申し上げたい。内容について、北海道大学大学院工学研究科の松藤敏彦教授には、全体構成に加えて、再生可能・不能資源の分類と定義についてご指導頂いた。(株)日立プラントテクノロジーの住川雅晴執行役社長ならびに坂本倭一前執行役専務には、資源循環にかかわらず事業経営に関する心構えをご指導頂いた。東京エコリサイクル(株)の役員と社員の皆様には、著者とともに資源循環事業に携わり本書を執筆する直接的動機となった。(株)日立製作所・地球環境戦略室、トータルソリューション事業部、調達統括本部、マーケティング統括本部の関係者とは、地上資源のリサイクルについて意見交換した。これらの過程が本書に生かされている。皆様に厚くお礼申し上げる。

二〇〇八年五月

馬場研二

目次

第2章 廃棄物は未来の資源

第3章　地下から地上に移行する資源

第4章　都市鉱山に着目した地上資源リサイクル

第5章　地上資源リサイクルを実践する家電とパソコン

第7章　世界のリサイクル現場から考える日本の役割

第8章　エコリサイクルと私たちの生き方

第 1 章

地下資源は地球環境問題のボトルネック

21 世紀は人口増加、温暖化、資源の枯渇が絡みあいながら進行していくため、場合によっては人類に破局的な影響を与えかねない。消費型資源である化石燃料はいずれ枯渇し、金属資源の採掘可能量も減少するが、金属資源は存在場所を地下から地上に移すだけで、地球上から消えるわけではない。そこで、地上資源をリサイクルするしかないという物理的事実に着目し、本書では「地上資源でつくる持続可能社会」を提唱する。第 1 章ではその前段として、地球温暖化、資源枯渇、環境汚染の問題を見ていこう。

1. 地球経済と地球環境問題

すべての物価が上昇する

現在（二〇〇八年）、鉄、銅などのベースメタルや石油などの化石燃料の価格がどれも高騰し、金属類ではレアメタルの枯渇も危惧されている。これには、有限である金属資源も化石燃料（再生不能資源）が地上で消費され埋蔵量が減少するなか、今後経済的に発展しようとする国々と人口の増加が深く関係している。資源が相対的に不足することにより、製造業では、原材料の調達費用が増えて製品価格にも影響し、石油を消費するあらゆる産業で原油価格の高騰が影を落としている。農業では、食糧である穀物がバイオ燃料に転用されたことなどで、食糧生産価格も上昇傾向にある。たとえば、食糧資源である小麦、大麦、大豆、トウモロコシの価格は、この三年間で二〜三倍に高騰した。農業・食糧問題はエネルギーだけでなく、有限の資源である水も多量に消費する意味で、あらゆる利用可能な資源が減っているのである。

地球経済は増加する人口に対して、利用可能な化石燃料、鉱物資源、水などの資源をいかに分配するかという問題に直面しており、人口と資源、需要と供給のバランスの不安定と、すべてのものの物価上昇が心配されている。二〇〇八年五月現在、原油価格、金属類、食糧等はかつてないほど高騰している。

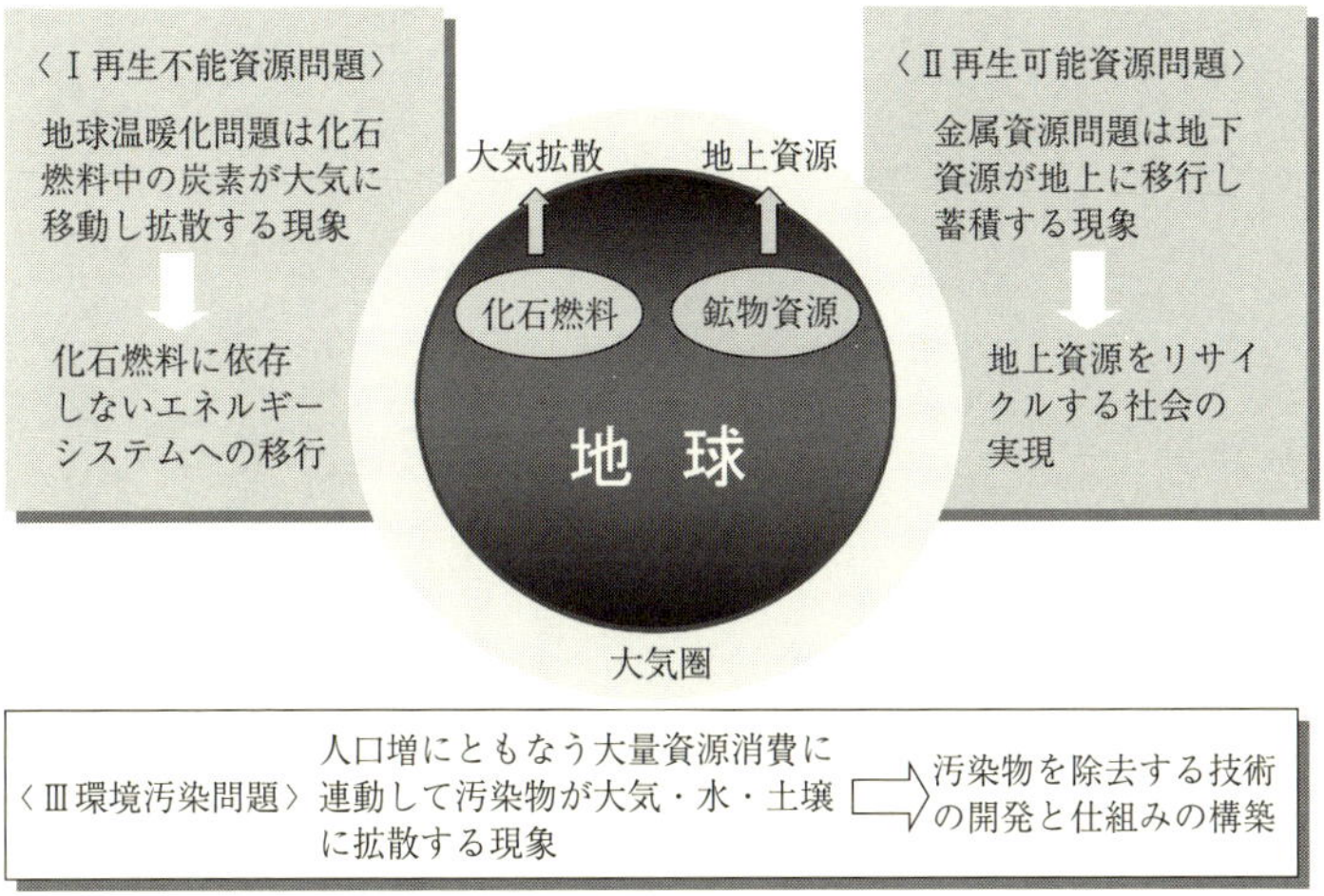

図１-１　環境問題の理解と対策指針

地球環境問題

地球温暖化問題と資源枯渇問題を、地下資源の消費と地上への移行という切り口で図式化すると、図１-１のように表すことができる。ここでは、地球環境問題を、

Ⅰ　地球温暖化問題（「再生不能資源」問題）
Ⅱ　資源枯渇問題（「再生可能資源」問題）
Ⅲ　環境汚染問題

に分類した。

再生不能資源や再生可能資源などの言葉の意味や定義は第２章で説明する。なお、Ⅲは人類が化石燃料、鉱物資源、水資源を消費する過程で汚染物が環境に拡散・蓄積する問題である。

これら三つの問題は一つ一つが地球規模の環境問題であり、かつ相互に影響しあっている。

2. 地球温暖化を防ぐには

化石燃料は二酸化炭素の放出源

Ⅰの地球温暖化問題は化石燃料と密接に結び付いている。化石燃料は生成由来が植物や微生物などの生物、つまり有機物であり、このうち、もっとも組成比率が高いのが炭素である。地球温暖化問題は、地下に眠っていた石油や石炭などの化石燃料が地上に出て、燃料中の炭素が燃焼して二酸化炭素となり、大気中の二酸化炭素濃度が上がり、その結果、海面上昇や気候変動等を引き起こす問題である。二酸化炭素の増加を地球規模で物理的に捉えると、「地下」に眠っていた炭素が「地上」に移行して「二酸化炭素」となり大気に拡散する現象といえる。つまり、炭素が「地下」から「地上」に移行するのである。

二一世紀になり、世界中で約二六〇億トンの二酸化炭素が排出されている。[1] 大気に放出された二酸化炭素の一部は海洋へ溶解し、海面近くを浮遊する植物プランクトンが太陽光を得て光合成により二酸化炭素を吸収する。一方、地上では植物が同じく大気中の二酸化炭素と太陽の光を得て成長する。これらの吸収速度を越えて、二酸化炭素が大気に放出されている。産業革命以前に大気中の二酸化炭素は約二八〇ppm[1]であったが、二〇〇五年には約一・四倍の三七九ppmとなり、二一世紀中葉には、対策を施しても約五〇〇ppm[1]になるといわれている。温暖化にかかわる物質は炭酸ガスだけではないが、化石燃料がいつかは枯渇し二酸化炭素となり、温室効果により地球を温める。

表1-1　代表的資源の可採年数

資源の分類		1962年	1971年	2000年
化石燃料（再生不能資源）	石炭	1 735	2 300	227
	石油	41	31	40
金属資源（再生可能資源）	鉄（Fe）	464	240	121
	銅（Cu）	54	36	26
	鉛（Pb）	60	26	20
	金（Au）	20	11	18

可採年数(年) ＝ 埋蔵量(トン) ÷ 消費速度(トン/年)
((独)物質・材料研究機構　原田幸明による)

化石燃料はいつまでもつか

化石燃料として石炭、石油の可採年数を表1-1に示す。可採年数（年）とは、埋蔵量（トン）を資源消費速度（トン／年）で除したものである。一九六二年から二〇〇〇年までに、可採年数は徐々に減少する傾向にあるが、油田やガス田などが新たに発見されると増加し、逆に消費速度が速まれば、予想以上に短くなることもある。すなわち可採年数とは、将来、採掘できる年数を表すものではなく、採掘可能な年数を「相対的に」表す指標である。

二〇〇〇年の石炭、石油の可採年数はおのおの二二七年と四〇年であり、石油の生産量は今世紀前葉にピークを迎え、次第に減少すると予想されている。その後は石炭がしばらく利用可能であろう。しかし、高品質の石炭は減少し、残るのは、カロリーが低く燃焼残渣も多い低品位の石炭であり、この利用コストは上昇する。コストは上昇してもやむを得ないが、化石燃料は有限の資源であるから、いつかは地下から枯渇するという物理的制約を受ける。

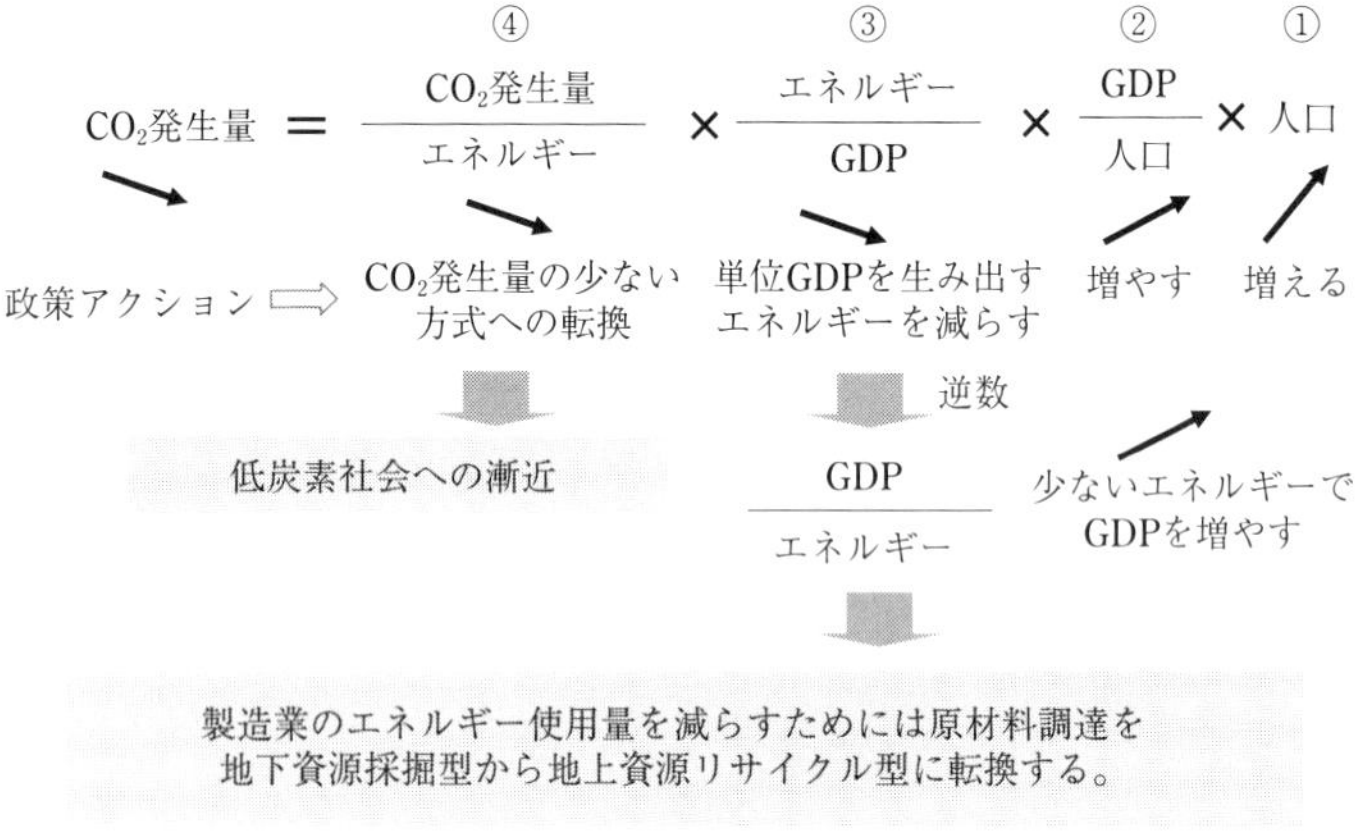

図1-2　地球温暖化の対策指針

二酸化炭素排出を減らすには

では、大気への二酸化炭素放出量を減少させるにはどうしたらよいだろうか。それを図1-2中の式で考えてみよう。この式は、左辺の二酸化炭素排出量と右辺全体は等しくなっている。左辺の二酸化炭素排出量を減らすには、まず、右辺①の人口と②の一人当りのGDPを減らせばよいが、実態は逆で、①と②は増えている。これを打ち消すためには、③の単位GDPを生み出すのに必要なエネルギー消費量を減らし、④の二酸化炭素排出量の少ないエネルギーにシフトすべきである。③は省エネ社会の実現であり、④は発電システムの省エネと、化石燃料に依存しないエネルギーシステムへの移行である。これを実行できれば、低炭素社会へ近づいていけるだろう。

使用エネルギーを減らしたい

今、石油、石炭、天然ガスなどの化石燃料に頼らない生活に戻ることは、先進国では現実的でない。化石燃料を使い続けると、燃焼によって大気中の二酸化炭素濃度が増加する。一八世紀から二一世紀までの四〇〇年を、後世の歴史家が振り返ったなら、地球の有限の化石燃料を掘り尽くした文明として語り継ぐだろう。

化石燃料は使えばなくなる資源であるから、当面の暫定対策としては化石燃料の採掘を極力減らし、かつエネルギーとして利用する際の効率を高めるほかない。日本のエネルギー消費の内訳は、産業用が二分の一、民生・運輸用がそれぞれ四分の一である。工場や事業所で使われる産業エネルギーと家庭で使われる民生エネルギー、運輸エネルギーを減らしてゆくことが求められる。しかし現実問題として、とくに日本では省エネを急激かつ飛躍的には高められない。このため、企業は原油価格が高騰してゆくことを経営の前提条件として受け入れざるを得ない。またグローバルに見ると、資源問題は地球の富の配分にもかかわるため、地球全体を視野に入れた、いわば地球経営のセンスが求められる。

将来に向けた抜本的対策

エネルギー問題の抜本的対策としては、化石燃料に依存しないエネルギーシステムへ移行するしかない。化石燃料に依存しない方法としては、安全性をより強固にした現実的な原子力に加えて、太陽光電池、太陽熱発電、風力発電、水力発電、波力発電、地熱発電、バイオマス発電などの再生可能な代替エネルギーがある。

大規模な需要に応えるには、当面は原子力に依存するのが妥当であるし、将来は増殖炉を含めたその他の再生可能エネルギーにも依存できるだろう。それ以外では、風力やバイオマス発電が有望な方

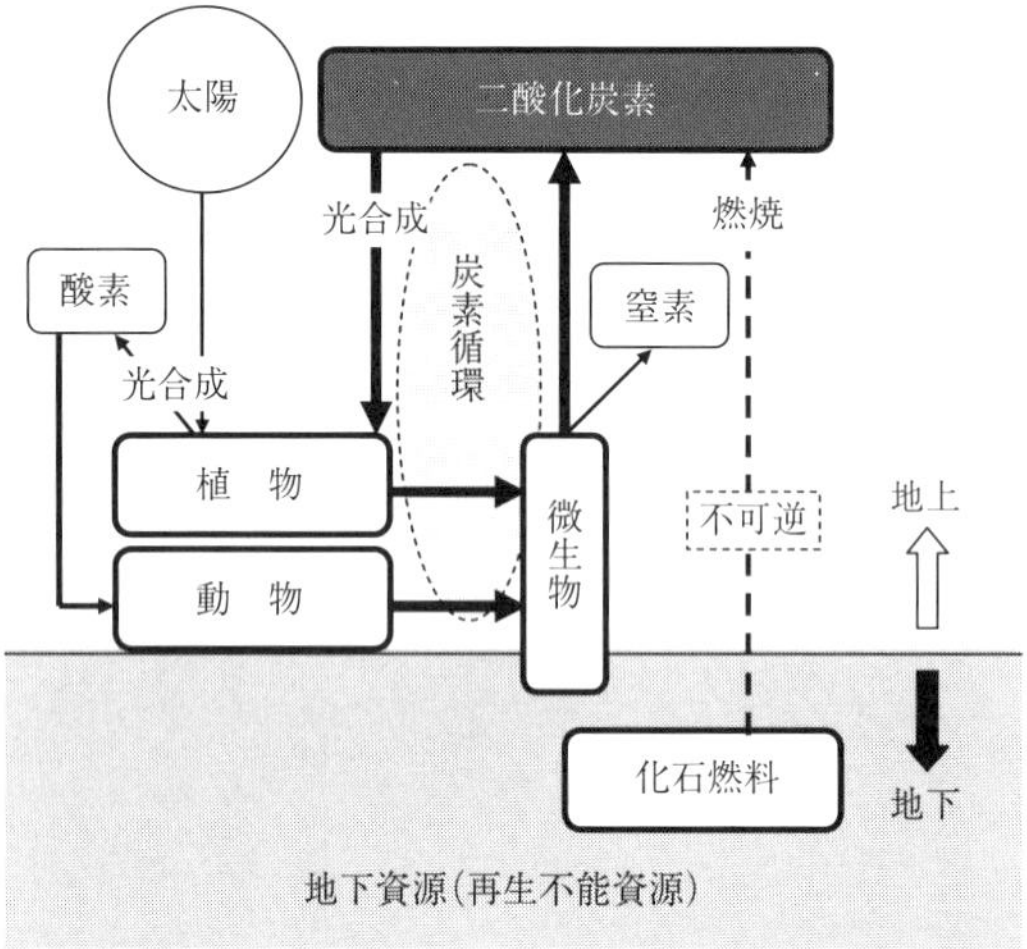

図1-3　地球生態系の炭素循環(エコサイクル)

法として注目されている。バイオマス発電では、不要物である有機汚泥や、食料に適さない植物などの炭化水素を燃焼させ、エネルギーに転換させる。これは、繰り返し発生する汚泥や、毎年生長する植物を資源にしている意味で持続可能である。このような再生可能なエネルギーシステムは持続可能である。総合研究大学院大学の池内了教授は、この再生可能エネルギーにシフトし地上資源文明を構築する必要性を主張している。

炭素は地球を循環する

二酸化炭素は化学的に安定しており、利用先はかぎられる。そこで、二酸化炭素を吸収・同化する植物の役割がより重要になる。対策として植林なども行われているが、現実は、それにも増して森林伐採が進んでいるという。

地球での炭素の循環を模式的に図1-3に示そう。ただし、図では前述した海洋との相互作用は省略した。大気中の二酸化炭素の総量は約七〇九〇億トンあり、化石燃料の燃焼で一年間に排出する炭素量は七〇億トン程度とされている。植物は太陽光と大気中の二酸化炭素を吸収して、光合成により炭水化物を合成している。同時に、地上で命の尽きた植物や動物を分解する微生物群は、大気に二酸化炭素を排出している。これらの二酸化炭素移動量は、共に五〇〇〜六〇〇億トンでバランスしている。

植物を増やせば、大気から地上に固定する炭素量は増える。これ以外に、大気中の二酸化炭素濃度を下げるために現状で選択できる方法は、人類活動による二酸化炭素排出量を減らすか、出るものについては発生源で回収して封じ込めることである。回収した二酸化炭素を地下に隔離・貯留することが、EUで真剣に検討されている。このポイントは隔離・貯蔵にエネルギーを要することだが、この方式がどの程度持続可能か、調査・研究し理解しておくことが重要である。この詳細については他書に譲る。

3. 廃棄物を利用して資源枯渇を防ぐ

資源は地下から地上へ

次の問題はIIの資源枯渇問題（再生可能資源問題（定義は図1-2で示した））である。産業革命以来、鉄鉱石、銅鉱石、ボーキサイトなどの地下資源が採掘され、製錬されて金属となり、あらゆる工業製品、生活用品が製造・生産されてきた。地下に眠っていた金属資源は加速度的に消費され枯渇してゆくが、製品は地上で使用され、廃棄されている。地球にある金属の絶対量は、地球のマテリアルバランスからして過去も未来も変わることがなく、存在場所が地下から地上に変わるだけである。

地下資源とは「経済的に採掘可能な地殻に存在する資源」である。鉄、銅、鉛、金の可採年数は表1-1に示した。もっとも長い鉄の可採年数は、一九六二年に四六四年だったのが、二〇〇〇年には約四分の一の一二一年になった。銅、鉛、金の可採年数は徐々に減少し、二〇〇〇年の可採年数はわずか二十数年しかない。そう遠くない将来には、可採年数がさらに一〇年を切ることもあり得るのである。

鉄、銅、アルミニウムなど生活に欠かせない金属資源は、あらゆる工業製品をつくる際の原料になるが、化石燃料からつくるプラスチックも同様に工業製品の原料である。おもに金属とプラスチックで製造される、たとえば携帯電話、デジタルカメラ、冷蔵庫、テレビ、掃除機、自動車、列車、新幹線、飛行機、火力発電所等、現代文明を支えているのはこれらの工業製品である。そして、これらが地上にある資源である。

二〇世紀のリサイクル

二〇世紀には、冷蔵庫、テレビ、扇風機、掃除機等のあらゆる家電製品は、ほとんどの場合、破砕されて埋め立てられていた。家電製品は、金属やプラスチックだけでなく微量の有害物を含んだまま、地表近くに埋められることが多かった。先進的な自治体では、鉄を磁力で選別・回収しているが、それでも鉄をすべて回収できているわけではない。砕く方式によって回収できる鉄の量は大きく異なり、一般的な粗大ごみ破砕処理施設では鉄回収量は必ずしも多いわけではない。

一方、家庭用、産業用にかぎらず電気製品、工業製品、建築物などは破砕され、そこから磁力選別・回収された金属系スクラップは「鉄スクラップ」としてリサイクルされてきた。このように、鉄を中心に地上に出てきた資源の一部をリサイクルすることは、二〇世紀にすでに始まっていたのである。たとえば、現在、日本の粗鋼生産量は約一・一億トンであるが、このうち鉄系スクラップを溶かして生産される粗鋼はすでに約四八〇〇万トンに達し、粗鋼生産量の半分弱を占めている[1]。

このように、金属を中心にして廃棄物から資源をつくり出すことが資源消費を抑える役目を果たしている。これをもっと広範囲にかつ組織的に行っていけば、資源の枯渇を緩和する手立てになるだろう。

廃棄物を減らすには

廃棄物を減らすにはどうしたらよいか、という視点から資源消費を抑える道を探ろう。次の頁の図1-4を見てもらいたい。これは図1-2と同じ構造の式である。左辺の廃棄物発生量とは地球（または国）の廃棄物発生量である。これを減らしたいわけだが、逆に、右辺①の人口は増加し、②の一人当りのGDPは増やしたい。したがって、③の単位GDPを増やすための資源消費量を減らし、④の資源使用時の廃棄物を減らすしかない。

③を実行する方策の一つが、長く使える製品を設計・製造し、消費者は製品を長く使うことである。いわゆるリデュース（Reduce）である。製造業のなかには、これまで消費社会を助長するために湯

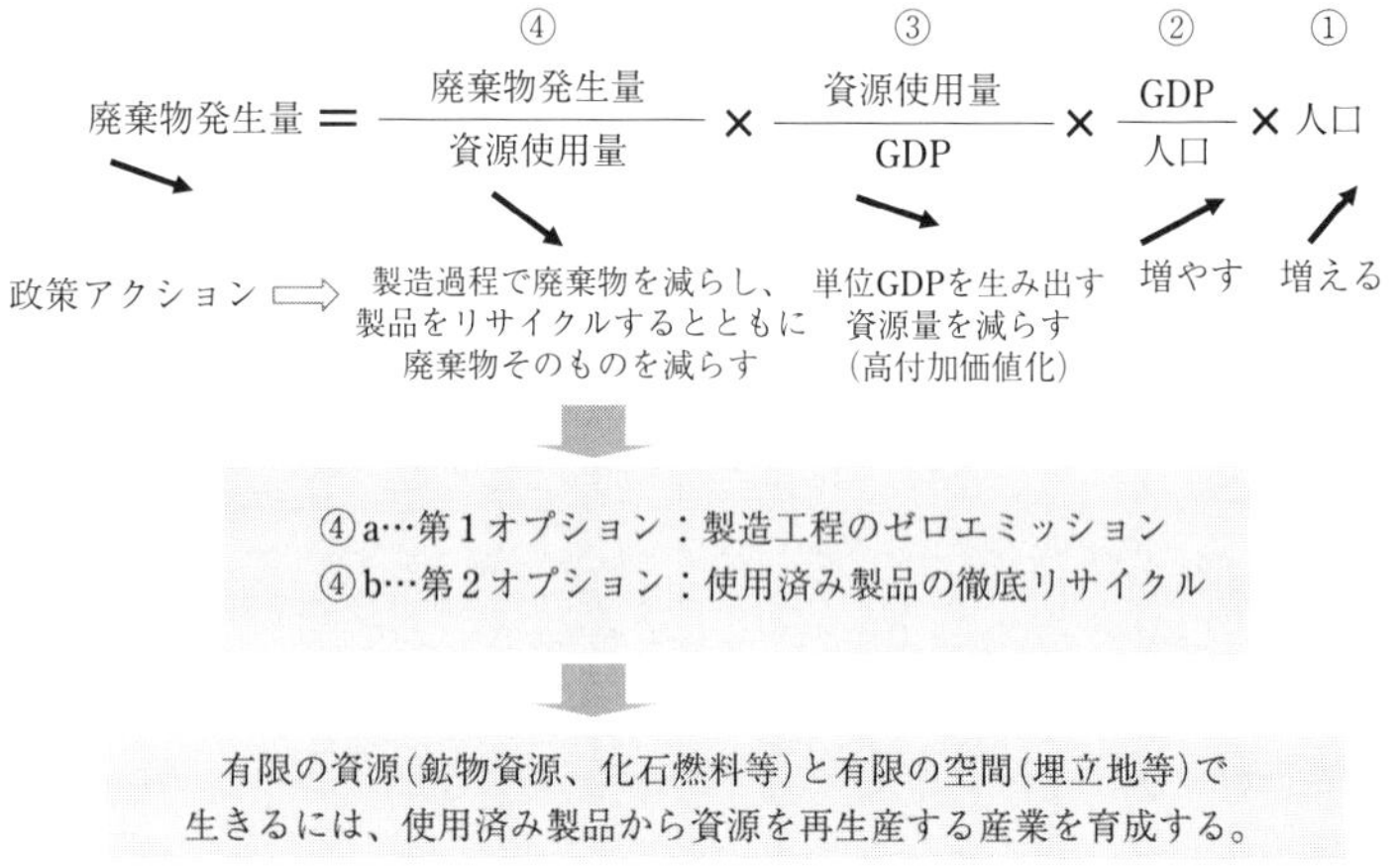

図1-4　資源・廃棄物問題の対策指針

水のごとく製品を製造してきた企業があったかもしれない。その同時代、逆に、丈夫で長持ちする製品をつくることが善であると信じていた企業もあっただろう。これからの消費者が後者の製品を選択することが、資源枯渇の緩和には役立つのである。

④を実行する方策には、④aの製造工程のゼロエミッションと、④bの使用済み製品の徹底リサイクルとがある。④aは各企業がすでに積極的にめざしているが、④bの適用範囲はまだかなり限定的である。しかし、④aと④bはすでに実行可能な射程距離内にある。具体的な方法としては、たとえば使用済み製品から資源を再生産する産業を育成することである。つまり、地下資源に依存しない製造業をめざすのである。

次に、エネルギー問題との関連について述べよう。図1-2③のエネルギー／GDPを「減らす」には、逆数のGDP／エネルギーを「増やす」ことである。分子のGDPを減らすことは避けたいので、分母の製造時のエネルギー使用量を減らすことが重要になる。

製造に使う原料はおもに地下資源であり、この採掘に要するエネルギーは地下資源の枯渇とともに高騰してゆく。鉱石の品質や場所など条件の悪い鉱山しか残らなくなるからである。このように、資源が枯渇してゆくと、エネルギーをより多く消費することになり、ますますエネルギー問題が深刻化する。

4. 環境汚染物質の影響は予知できない

水質汚濁と大気汚染

最後のⅢ環境汚染問題には、予知できる問題とできない問題とがある。予知できる汚染問題としては、生活排水・産業排水による河川・湖沼・海洋の汚染や、環境対策が十分施されていない石炭火力発電所から放出される窒素酸化物や硫黄酸化物による大気汚染などがあげられる。これらは環境への影響を予測することができ、下水道整備や排ガス処理設備の導入など発生源対策が可能である。これらについて、日本は経験豊富で、技術レベルも高い。

難分解性化学物質の残留

レーチェル・カーソンの『沈黙の春』を引合いに出すまでもなく、予知できない問題は深刻である。人類はこの二世紀の間にいろいろな化学物質を発見あるいは合成してきた。日本で使われる化学物質の種類は一万数千種あり、生産量は年間一億トンともいわれる[2]。農薬だけでなく、二〇世紀に発明されてきたもののなかで、ハロゲン化合物を含むフロンや塩化ビニル、水道消毒用の塩素注入などは、発明当時は画期的なこととして賞賛され急速に普及した。この正の効果はきわめて大きい。しかし、発明・導入当初には予測できなかった各種の問題がその後、現れてきた。

フロンはオゾン層を破壊し、塩化ビニルは低温燃焼ならばダイオキシン類を生成することが危惧され、浄水消毒用の塩素は、原水に前駆体があれば発癌リスク物質であるトリハロメタンを副生させることが明らかになってきた。影響が顕著になって初めて私たちは気づいた。水質の悪い原水を塩素消毒し、この水が多くの人を伝染病から救ったのは人道的に正しく、冷媒フロンにより冷蔵貯蔵や冷房生活を可能にし、プラスチックの普及により生活の利便性が増してきたことは事実である。

しかし、いろいろな生活用品の大量生産、大量消費、大量廃棄にともない、各種の物質が環境に広く拡散した。人類が製造した難分解性の化学物質はそのまま環境中に低濃度で残留するだけでなく、植物連鎖の過程で濃縮されて生物内にも蓄積する。大気・水・土壌への物質拡散は、次第に地球上のあらゆる地点まで緩やかに広がってゆく。拡散した難分解性の化学物質はきわめて遅い速度でしか分解されないため、徐々に蓄積される物質も出てくる。このような生態系への汚染物質の拡散を防止しなければならない。

本書で語る環境問題のポイント

残留化学物質のリスク管理は複雑で根が深い。著者はこの問題について十分に論じる力をもたない。このため、持続可能社会をめざすといっても、知識はかぎられ、解決策も十分ではない。他方、地球温暖化やエネルギー問題はすでに多くの議論がなされ、対策に向けた取組みが進みつつある。そこで本書では、これら三つの問題のうち二番目の問題、金属資源の枯渇問題におもに焦点をあてる。鉱物資源だけでなく化石燃料も地下から採掘・利用し続けるにはエネルギーを必要とし、同時に採掘・製錬過程では微量の汚染物質も発生させることから、地下資源に依存せずに生きる道しるべを示すことができれば、地球温暖化問題も環境汚染拡散問題もよい方向に転じさせるきっかけになると思ったのである。

5．エントロピーから見た資源問題

ここで、エントロピーについて少しだけふれておきたい。

直感的理解の観点からいえば、低エントロピー資源とは高密度・集積資源であり、高エントロピー資源とは低密度・分散資源である。ただ、この種の話が苦手だという読者は、読み飛ばしてもらって結構である。本書全体を理解するうえで支障はないのでご安心頂きたい。

エントロピーとは

当たり前のことだが、熱は高いほうから低いほうへ移動する（同じく水も高いところから低いほうへ流れる）。このとき、ある温度で流れた熱量がエントロピーを表す。したがって、熱が移動すれば必ずエントロピーは増大する。また、物質についていえば、拡散してゆけばエントロピーは増大する。

一例をあげよう。閉じた箱の底に熱いお湯がたまっていて、その上に空気があるとする。これを放置しておくと、熱は上の空間に移動して湯の温度は下がり、箱内の温度は湯も空気も一定になる。熱は必ず移動するからエントロピーは増大する。熱い湯のままの状態のエントロピーは低かったが、一定温度になった状態のエントロピーは高くなっている。熱いお湯があれば風呂に使うことができるし、コーヒーを淹《い》れることもできるので、エントロピーの低い状態はいろいろな用途の仕事ができる。もっと高い温度で蒸気になれば、蒸気機関で熱エネルギーを動力に変えることも、さらにタービンをまわして電気を生産することもできる。しかし、温度が均一に下がったお湯では風呂にも使えないしコーヒーも淹れられないし、用途は選べない。つまり、価値が低い。

資源問題のエントロピー

エントロピーの概念は物質拡散にも適用される。鉱物の濃度にあてはめると、まず、地殻に占める鉱物濃度は、地球全体の平均値で見ると、地殻全量の数%におよぶ鉄から10^{-8}以下の金までさまざまである（後掲の図4−1参照）。鉱石中には特定の鉱物以外の物質が多く含まれているのが普通で、鉄や銅そのものが露出しているのは例外的で、むしろ鉱石中に一定の割合で混じっている。その状態は、特定鉱物とその他の鉱物が混在、あるいは化合物として存在している意味で、エントロピーは高いわけではない。空間的に集積しているからである。しかし、たとえば元素としての鉄や金を含有する鉱石が、製錬によって鉄や金の濃度が高くなってゆけば、エントロピーはより低くなる。

金属そのものになれば工業製品などを生産できる。自動車も家電製品もハイテク情報機器もすべて、おもに金属とプラスチックでできている。これはエントロピーが低い資源の集合体である。製品は機能を果たさなくなれば廃棄物になる。これを資源の側面で見れば、エントロピーは相変わらず低いままのよい状態にある。資源として利用可能なのである。ところが、これら製品を寿命が尽きた後に捨てたり砕いてしまえば、エントロピーは低い状態から高くなってしまう。つまり、利用価値がなくなる。

しかし、過去を振り返ると、廃棄物処理という名のもとに、金属やプラスチックを多く含むこれらの製品（地上資源）がそのまま地下に埋め立てられてきた。せっかくエントロピーが小さくなった製品を砕いて埋めていたのではもったいない。砕く操作は、わざわざエネルギーをかけてエントロピーを増大させているからである。そこで、可能なかぎりエントロピーが低い状態で、つまり、製品そのものをリサイクルしたりリユースするのがよい。

燃焼にともなうエントロピーの増加

化石燃料はきわめて使い勝手のよい資源であるから、これを使わずにすむなら将来用にとっておくことが望ましい。貯金である。燃焼後の二酸化炭素問題のむずかしさは、ガスとして一旦大気に拡散してしまうと、これを物理化学的に回収することは困難で、二酸化炭素の物質としてのエントロピーが増大してしまう。化石燃料の燃焼を物質の拡散で考えれば次式となる。

$$\text{地下化石燃料（物資のエントロピー小）} \xrightarrow[\text{（系全体の熱エントロピーは増加）}]{\text{燃焼}} \text{二酸化炭素（物資のエントロピー大）} \qquad (1)$$

二酸化炭素の大気への移行は移流、対流と分子拡散であり、大気を均一濃度にするように作用する。大気中に放出される二酸化炭素を回収・貯留することは、エントロピーが一旦大きくなったものに、エネルギーをさらに投入して空間的に集積させ、部分的なエントロピーを小さくする操作である。

製錬によるエントロピーの減少

地下資源のなかでも鉱物資源はおもに地下に鉱床として集積されているが、そのまま、金属元素として使えるものは少ない。酸化物や硫化物で鉱石になっている場合が多く、これらを還元して、金属元素単体に製錬する。「製錬」とは、鉱石から金属を取り出す工程をいう。銅鉱石の場合、銅の含有率は約〇・五％である。このように、地下に眠っているときのエントロピーは大きく、ここにエネルギーを加え、純度を上げて物質のエントロピーを下げている。

地下鉱物資源（物資のエントロピー大）　——製錬（系全体のエントロピーは増加）——→　金属元素材料（物質のエントロピー小）　(2)

つまり、製錬された金属はエントロピーが低く利用価値が高い。

地上の資源は低エントロピー状態

金属は、自動車、家電製品、列車、飛行機などあらゆる製品の主材料である。それが地上に存在している状態は（店頭を除いて）、(1)都市で使われているか、(2)リサイクルされているか、(3)廃棄物として埋め立てられているか、のどれかである。金属は拡散しないから、あるがままの状態で地上に分散して存在している。エントロピーはすでに小さく、価値の高い状態である。つまり、貴重な資源である。しかし、問題は低エントロピー状態ではあるものの、空間的に分散していることである。この移動・集積にはエネルギーを要するが、地下から採掘するより安価である。そこで、地上での回収を合理的に解決できれば、低エントロピー資源として利用可能である。

プラスチックも低エントロピー状態

化石燃料を使ってエントロピーが小さなものを生産することができる（系全体のエントロピーは増大）。プラスチックの生産である。生活用品や工業製品には、金属に加えて化石燃料からつくられたプラスチックが多く使われている。プラスチックは自由な加工ができ、耐久性と耐腐食性に優れる。プラスチックは石油にエネルギーを加えて精製・合成したものであるから、エントロピーは小さいと見なせる。つまり、生活用品や工業製品は低エントロピー資源といえる。もし燃やしてしまえば二酸化炭素を発生しエントロピーは増大するが、埋めれば低エントロピーの状態で眠っていることになる。金属と同様、空間的に集積させれば利用可能となる。

地上移行にともなうエントロピー変化

化石燃料と鉱石が地下から地上に移行して利用される際のエントロピーの変化を図1-5に示す。縦軸のエントロピーは系全体のエントロピーではなく、着目した物質のエントロピーを示す。矢印の後は前よりも「系全体」ではエントロピーを必ず増大させるが、その結果、生産された生活・工業製

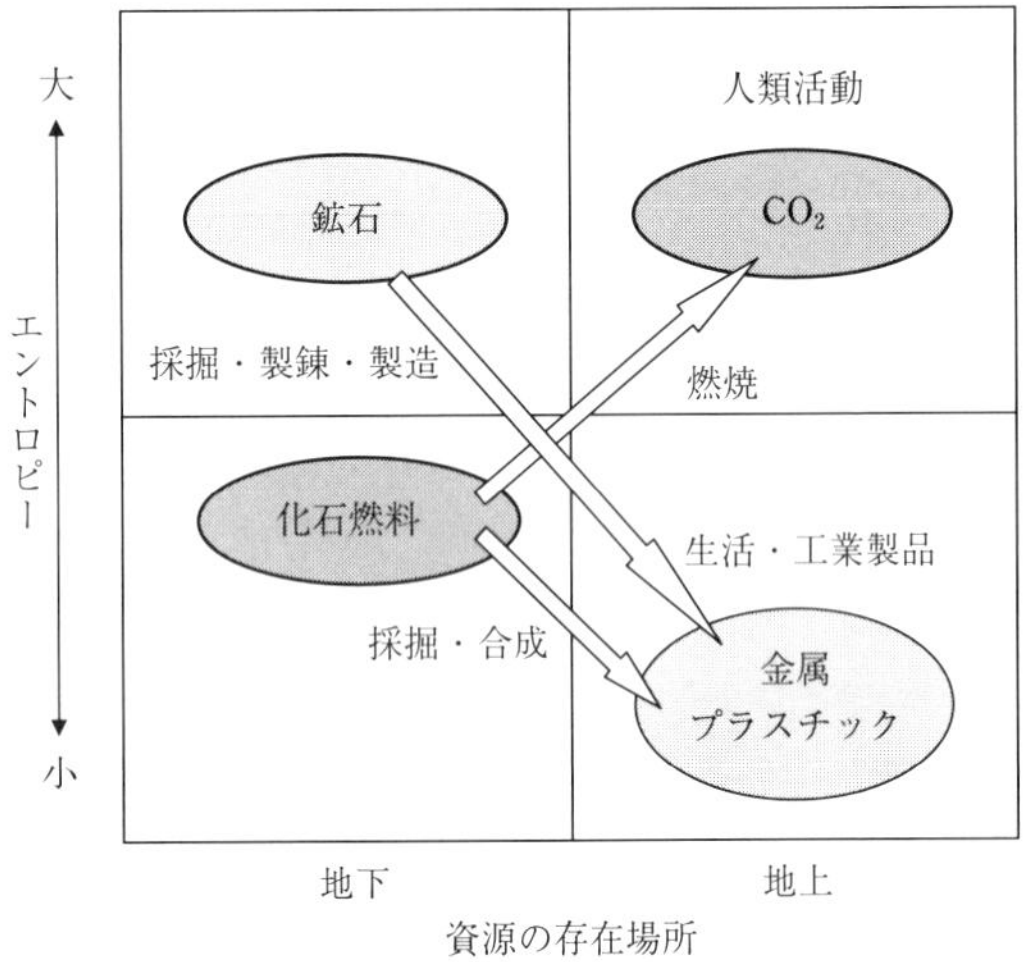

図1-5　資源が地下から地上に移行するときのエントロピー変化

品についてはエントロピーは低い状態になる。この低エントロピー資源を、なるべく分散しないようにして再利用可能な形にすることが望ましい。

しかし、過去を振り返ると、廃棄物処理という名のもとに、金属やプラスチックを多く含むこれらの製品（地上資源）がそのまま地下に埋め立てられてきた。せっかくエントロピーが小さくなった製品を砕いて埋めるのではもったいない。砕く操作は、前述したようにわざわざエネルギーをかけて、エントロピーを増大させているからである。

第 2 章

廃棄物は未来の資源

化石燃料や資源のもつ特性について、素材としての利用（ストック）、エネルギーとしての利用（フロー）という二面から説明する。また、地下にあるか地上にあるか、そして繰り返し利用可能かどうかを見ることにより、地上資源の位置づけを明らかにする。なお、持続可能社会では究極的には廃棄物を広義の地上資源と見なす。

1．繰り返し使える資源と使えない資源

資源問題のキーワード

資源問題では、「再生可能資源」（Renewable Resource）と「再生不能資源」（Non-Renewable Resource）という言葉がよく使われる。ローマクラブが発刊し世界的に大きな影響を与えた[3]『成長の限界』（一九七二年）の三〇年後のレポート『成長の限界・人類の選択』（Limits to Growth The 30-year Update）[4]中で、環境経済学者のハーマン・デイリーを引用しつつ、以下のような例示がなされている。

「再生可能な資源」　食糧・土壌・水・森林（第三章）
「再生不可能な資源」　鉱物、金属、化石燃料（第三章、第四章）

「再生可能な資源」と「再生不可能な資源」のカテゴリーをもう少し拡張して、太陽、風、波などの自然エネルギーや、ウランなどの原子力発電までを含めて分類・整理すると図2−1のようになる。その説明の前に、用語の定義にふれておこう。

鉱石は再生不能資源か

ハーマン・デイリーの、持続可能な発展のための三原則を次に示す。[4]

（1）「土壌・水・森林・魚などの再生可能な資源」の利用は再生速度を超えないこと。

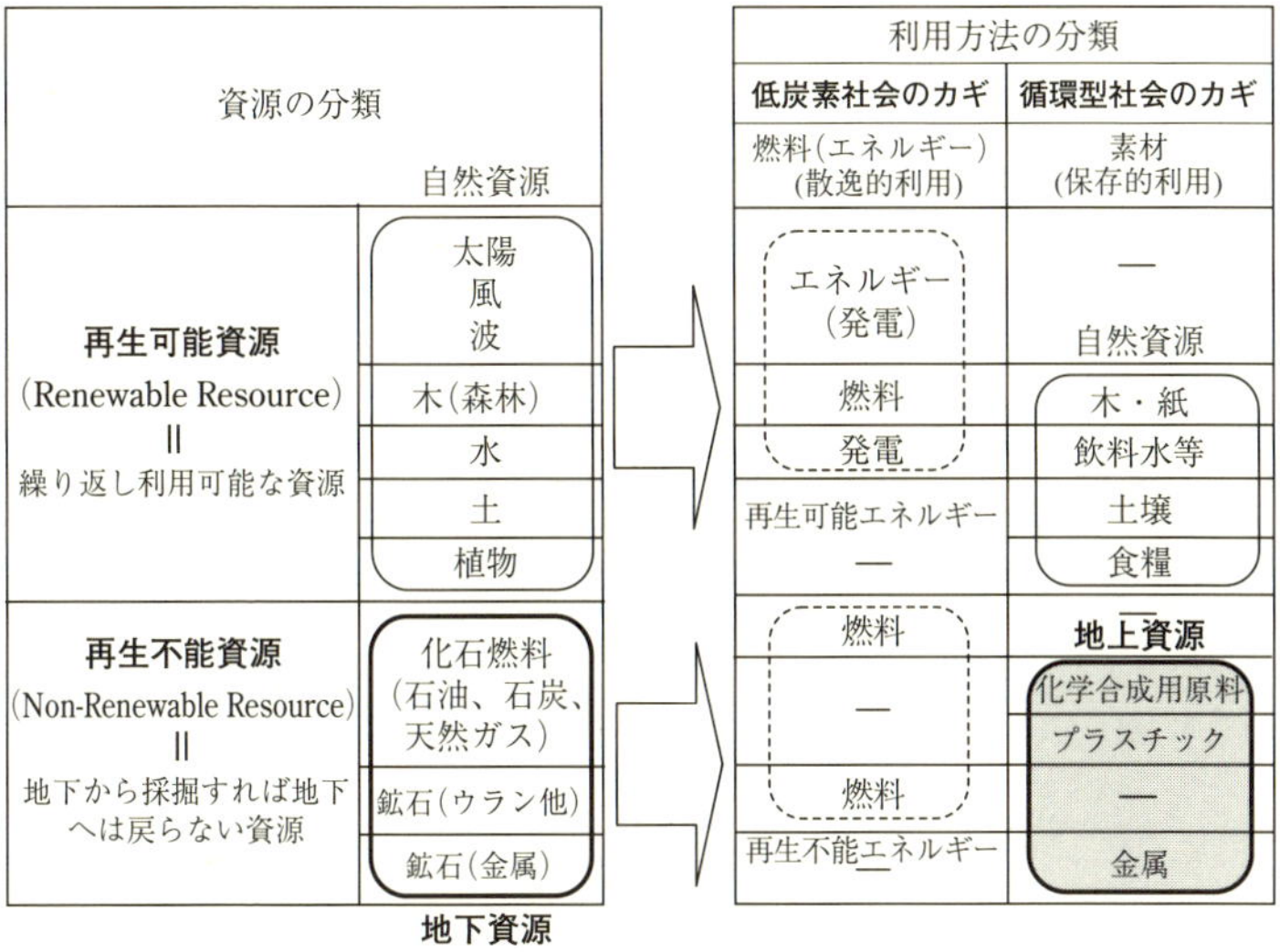

図２−１　資源の定義と分類

（2）「化石燃料、高品位鉱石など再生不可能な資源」の利用は再生可能な資源で代用できる程度を超えないこと。

（3）「汚染物質」の排出は環境がそれを循環、吸収、無害化できる速度を超えないこと。

（1）は再生可能な資源が枯渇しないようにする必要性が述べられている。（2）をエネルギー問題で見ると、再生不可能な資源である化石燃料に対して太陽光発電やバイオマス発電など再生可能エネルギーにシフトしてゆくべきことを示唆している。そこで図２−１の右には、利用方法との関係を示した。

ここで、「再生可能」と「再生不能」の言葉を分析する。ハーマン・デイリーの（1）の定義では、「再生可能な資源」とはおもに自然資源のことである。このため、高品位鉱石は（2）の「再生不可能な資源」に分類されている。これは、鉱石は採掘すれば元に戻らないからである。

このように、鉱物や金属資源が海外で「再生不能な資源」と見なされている理由は、リサイクルが本格的に実施されていない（アメリカの例：後掲表7－3参照）ため、再生可能であるという認識が薄いためと思われる。

繰り返し使える資源

繰り返し利用可能な資源を「再生可能資源」という。太陽、風、波、木、水、土、植物（食料）などであり、これらは地球上で繰り返し利用可能な自然資源である。正確にいえば「再生可能自然資源」であるが、本書ではこれらを単に「自然資源」と呼ぶことにする。太陽、風、波などの自然資源はそれぞれ発電によりエネルギーを生産できるが、繰り返し利用可能なエネルギーという意味で「再生可能エネルギー」（図2－1）である。「再生可能エネルギー」では生産されたエネルギーは散逸してしまうので、利用方法としては散逸的利用となる。

一方、木は燃料として利用されれば散逸的利用となるが、家具などを製造する素材として利用すれば、利用方法としては保存的利用（永遠ではない）になる。本書でいう保存的利用とは、散逸的利用と対をなす言葉で、エネルギーとして利用されて散逸することがないという意味である。水も同じように水力発電として散逸的に利用されることもあるが、飲料水としても保存的に利用されるという両面をもつ。土は植物の生長に必要であり、土壌は食料を生産するために保存的に利用されるが、エネルギーとしては利用されない。このように、木、水、土、植物については保存的利用が可能である。

使えばなくなる資源

地下から採掘すれば地下へは戻らない資源を「再生不能資源」という。図2-1に示したように、石炭、石油、天然ガスなどの化石燃料や、原子力発電用のウラン鉱石、金属などの鉱石などがあげられる。これらは「地下資源」である。化石燃料は燃焼させてしまえば二酸化炭素などになり大気に拡散・散逸するが、ウランを利用する原子力発電では二酸化炭素を発生させないという長所がある。ただし、いずれも地下の燃料資源を消費してしまうという意味で「再生不能エネルギー」である。

地上資源とは

図2-1の再生不能資源（地下資源）のうち、金属、プラスチックおよび化学合成原料は、地下から採掘すれば地下へは戻らない資源であるが、これらの資源は地上にとどまり「繰り返し利用可能な資源」である。そこで、これらを「地上資源」と定義する。つまり、地上にあって繰り返し利用可能な資源という定義である。ただし、繰り返し利用可能な資源のうち、量的に多いのが金属とプラスチックなので、本書では「地上資源」とは両者の和と定義する（本書の範囲にかぎり化学合成原料を含まない）。

「地上資源」＝金属（金属系循環資源）＋プラスチック（化石系循環資源）　(1)

なお、「地上資源」に関して、総合研究大学院大学の池内了教授は、地上にあって繰り返し利用可能な自然資源ということに注目し、主として図2-1の再生可能エネルギーをさしている。[5]

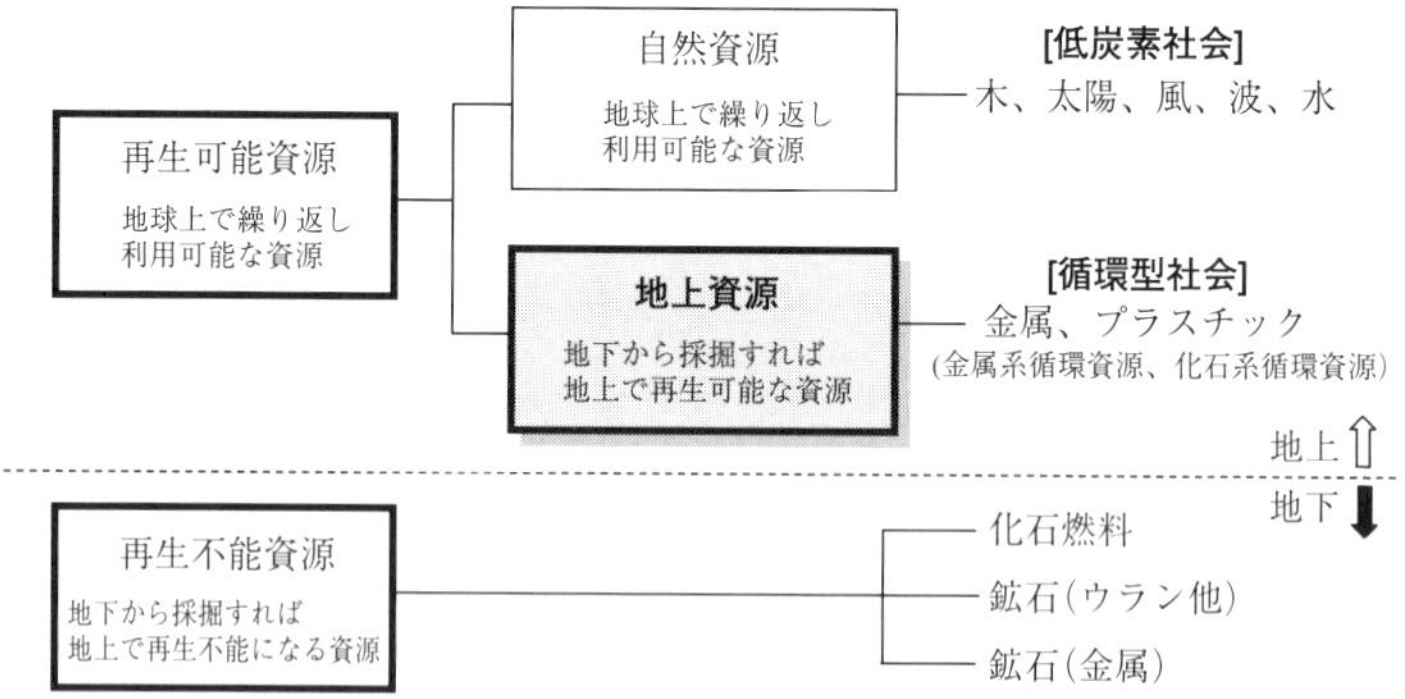

図2-2　再生可能地上資源の定義

式(1)で示した金属とプラスチックはおのおの独立して利用されることもあるが、電機・電子製品や工業製品などは複合物として利用される。とくに、金属としては鉄、銅、アルミニウムなどのベースメタルに加えて、パラジウムなどのレアメタルや、金、銀などの希少金属を含む。電機・電子製品や工業製品は、原料は地下から採掘するが、地上では製品を回収すれば再生可能な資源となる。そこで、図2-1を見直して図2-2に示すように再分類した。つまり、再生可能資源は地上で繰り返し使えるという切り口に着目して、自然資源と地上資源とを包含するものとした。

「再生可能資源」＝「自然資源」＋「地上資源」　(2)

その結果、再生不能資源は地下にある化石燃料と鉱石のみと定義する。図2-1、2-2に示す「地上資源」は本書の中核をなす考え方で、地上にある資源を積極的に再利用しようとするものである。

2. 廃棄物は広い意味で地上資源

資源問題は廃棄物問題と密接な関係がある。そこで、「地上資源」と廃棄物との関係について述べる。

地上にあるものすべてが廃棄物

廃棄物とは、経済的価値のない無価物、または有害物、あるいは両者の混合物である（場合によっては有価物を含む）。廃棄物から有害物を除く処理を施せば無価物または有価物となる。無価物は財としての価値はないが、価値が出てくれば資源になる。価値は需給バランスで決まるから、時代や地域によって異なってくる。

世界全体の廃棄物量は二〇〇〇年で約一二七億トンである[1]。重量の全体量を比較する対象として二酸化炭素をあげれば、二酸化炭素の世界全体の排出量が約二六〇億トンであるから、この半分弱に相当する[1]。世界全体の廃棄物量は二〇一五年に一七〇億トン、二〇二五年に一九〇億トン、二〇五〇年に二七〇億トンと見積もられている[1]。二一世紀中葉には地球温暖化問題とともに、廃棄物問題がより深刻になるだろう。

一方、日本の廃棄物総量は年間約六億トンである。環境省が分類するこの内訳を図2-3に示す[1]。有機汚泥、家畜糞尿、古紙、木くずなどからなる「バイオマス系資源」が五二％、がれき類や燃え殻、

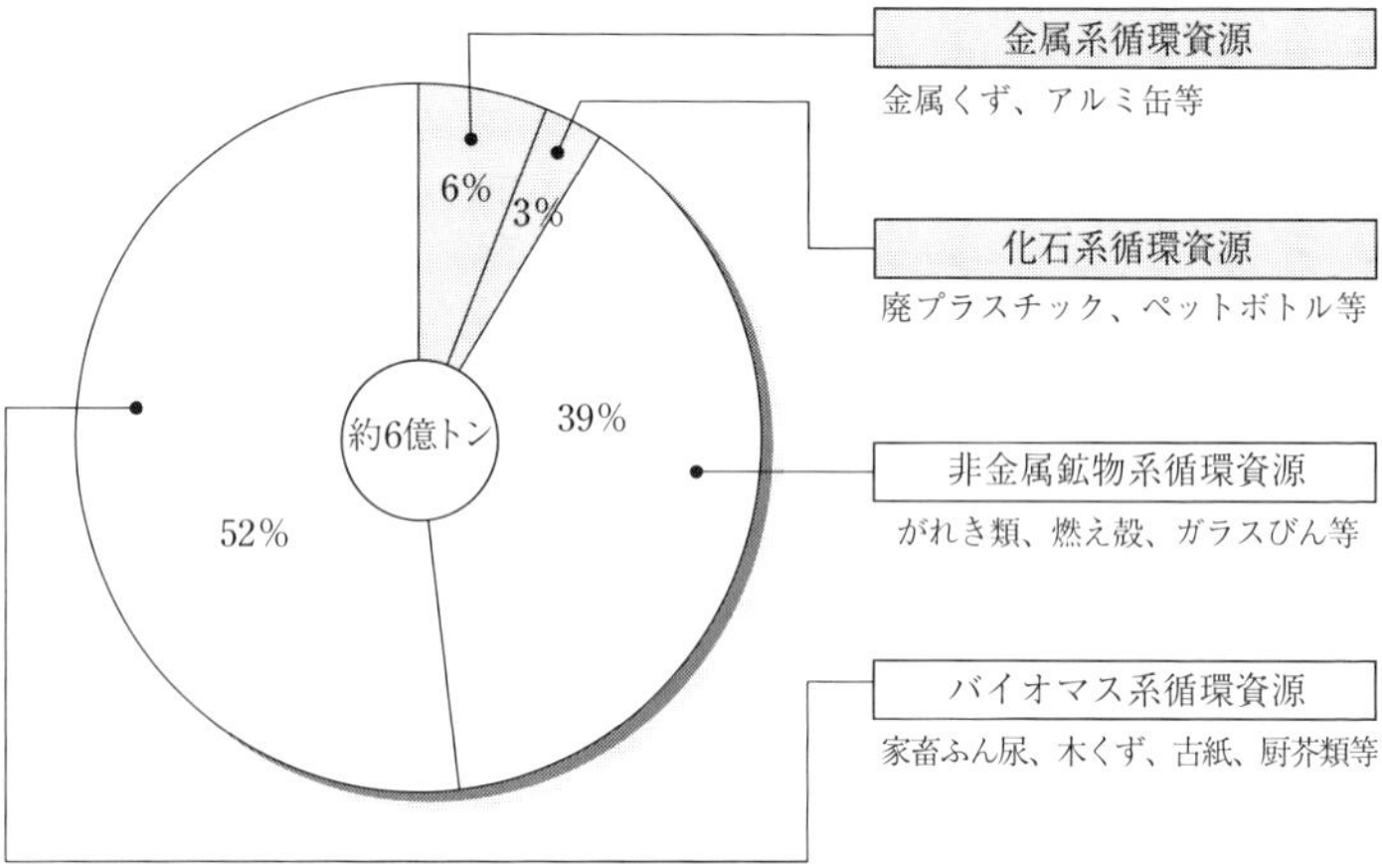

図2-3　日本の廃棄物の量と内訳

ガラス類、廃液類などの「非金属系循環資源」が三九%、鉄鋼業、非鉄金属業から発生する金属くずや建設廃棄物中の解体くず、家電などの使用済み製品を含む「金属系循環資源」が六%（三六〇〇万トン）、産業や家庭から排出されるプラスチックくずや廃油などからなる「化石系循環資源」が三%（一九〇〇万トン）である。廃棄物はこれらの総和である。

廃棄物＝金属系循環資源＋化石系循環資源
　＋非金属系循環資源＋バイオマス系資源　（3）

一方、リサイクルという別の側面から見ると、金属系循環資源（明らかに金属リッチな資源）はすでにリサイクル率が九七%に達しているが、プラスチックの循環利用率は三三%にとどまっている。廃棄物全体を見わたすと、リサイクル率は年々、徐々に増えている。

金属系循環資源とは鉄系スクラップであるが、すでに世界の鉄鋼業生産の三分の一以上の原料を鉄スクラップに依存している。つまり、鉄を使う製品はすでに三分の一が地上資源を循環している。

このように循環が可能な資源を「循環資源」と呼ぶなら、すべての金属は循環資源である。プラスチックは石油から生産されて製品になるが、マテリアルリサイクルにより再びプラスチックにできるので、プラスチックも循環資源といえる（ただし、この循環利用回数は永遠ではない）。

いつか資源になる

リサイクルの過程で除かれた有害物については、集積・管理・利用・処分してゆくことが必要で、有害物であっても純度を高めて集積させれば有価物になる。しかし、今はそれらを集める仕組みや分ける技術が未熟なので、廃棄物になっている場合が多い。とくにバイオマス系廃棄物は炭素を含むので燃料になり、バイオマス発電に見られるように、すでに代替燃料としても利用されているが、石油より使い勝手が悪く、廃棄物になる傾向が強い。ただし、化石燃料がさらに枯渇してゆけば、バイオマス系循環資源もより有力な燃料資源になる。

資源がさらに枯渇すると、廃棄物と見なされていたものが「資源」になる時代がくるだろう。金属系循環資源と化石系循環資源はすでに有価で取引きされる時代になってきた。現在は、廃棄物であるガラスなどの非金属系循環資源と、有機汚泥、家畜糞尿、古紙、木くずなどからなるバイオマス系資源も、一部はすでに有価で取引きされるようになっている。遠くない将来、現在の廃棄物が資源になるのではないだろうか。

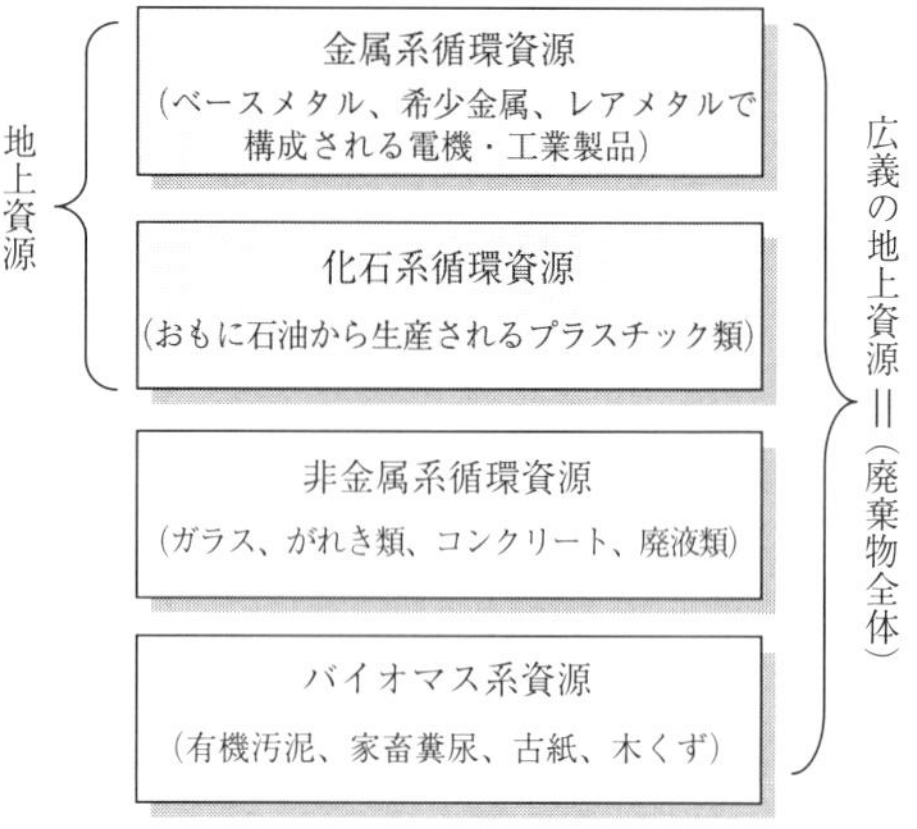

図2-4　資源の分類

廃棄物を地上資源と考えよう

廃棄物全体をすべて資源と見なせば図2-4に示すように分類できる。地上資源は金属とプラスチックの和と定義したので、非金属系循環資源とバイオマス循環資源を加えたものを、「広義の地上資源」と呼ぶことにする。つまり、「廃棄物」を「広義の地上資源」と見なす。

廃棄物　＝　広義の地上資源　　(4)

式(1)で定義した地上資源と、式(4)で示した広義の地上資源(廃棄物全体)との関係を図2-4に示す。地上資源は金属系循環資源と化石系循環資源の和であり、これに非金属系循環資源とバイオマス系循環資源を加算したものが広義の地上資源であり、現在でいう廃棄物である。量的には少ないが、本書は地上資源に焦点を絞る。

さて、地下資源を使って製造したものが「製品」や「道具」である。製造したものはすべてが廃棄物になると看破したのが末石富太郎氏[6]である。著者はこの延長上に「廃棄物はすべて地上資源である」と考えた。末石氏が地上のすべてのものを「廃棄物めがね」で見ようとしたのに対して、著者は地上のすべてのものを「資源めがね」で見ることを試みたい。ここで地上資源とは、図2-4に示した「広義の地上資源」である。量的に多い非金属系循環資源と、バイオマス系循環資源のリサイクルが今後の大きな課題である。

広義の地上資源つまり現在の廃棄物を無駄なく使いまわす一つの指針が、図中④ａに示した「ゼロエミッション」であり、④ｂの使用済み製品のリサイクルである。二〇世紀に廃棄物であった多くのものが、二一世紀には「広義の地上資源」としての役割を増してゆく。すべての物質の価格が中長期的には上昇する可能性を否定できないからである。資源制約時代はもう始まっている。

3．持続可能社会をめざすには

低炭素社会と循環型社会へのアプローチ

前掲した図２‐１を使って低炭素社会、循環型社会、資源の関係を説明しよう。

資源が再生可能か不能かにかかわらず、資源の燃料としての散逸的利用を減らすのが低炭素社会のカギである。化石燃料やウランの消費を抑制するだけでなく、太陽、風、波、木、水を利用する再生可能エネルギーへの依存度を高めてゆくことが求められる。

他方、図２‐１に示したように木、紙、水、土壌、食料、化学合成用原料、プラスチック、金属などの素材として保存的に利用することが循環型社会のカギである。このカギをあけることは、自然資源と地上資源を極力リサイクルし、地下資源の利用を最小化することである。すなわち、金属とプラスチックからなる機械、電機・電子製品、紙や木を原料とする製品、飲料水や生活排水、あるいは食料残渣など、これらをリサイクルしてゆくことが循環型社会を構築する具体的手段なのである。

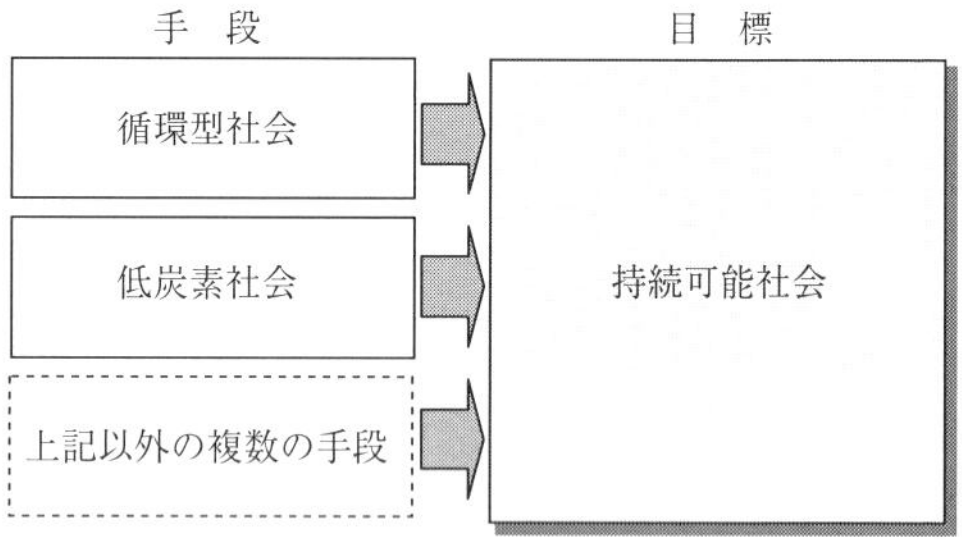

図2-5　持続可能社会へのアプローチ

相互に影響する問題を解決する

これまで述べてきた持続可能社会、循環型社会、低炭素社会という言葉は、いずれも社会がめざすべき目標として並列的に位置づけられているようだ。しかし、これらは図2-5に示すように、目標と手段に分けるとわかりやすい。目標が持続可能社会であり、それに近づく手段が再生不能資源である化石燃料を使わない低炭素社会の実現であり、再生可能資源である金属資源問題を緩和する手段として循環型社会の実現がある。手段はこの二つだけではないので、図には余白を残してある。読者にも考えて頂きたいのである。

「持続可能な開発」について、一九八七年に国連の「環境と開発に関する世界委員会」は「持続可能な開発」を「将来の世代のニーズを満たす能力を害することなく、現在の世代がそのニーズを満たすことのできるような発展」と定義した。「持続可能な開発」を進めるには、エネルギー、資源などの問題を総合的に視野に入れなければならない。とくに、化石燃料問題と金属資源問題は相互に影響しあう問題なので、独立した問題として政策化すると手段が目的化しやすい。むしろ、目標である持続可能社会の実現のために、両者の複合的アクションプランを立案することが求められる。

第 3 章

地下から地上に移行する資源

20 世紀と 21 世紀の人口と資源の変化を見ながら、地下資源が枯渇しても地上資源に依存した文明を構築すれば持続可能な社会に近づけることを示そう。ローマクラブの『成長の限界』と 2005 年に発刊された『成長の限界・人類の選択』を引用し、地上資源リサイクルが地球を救う道の一つであることを提言する。

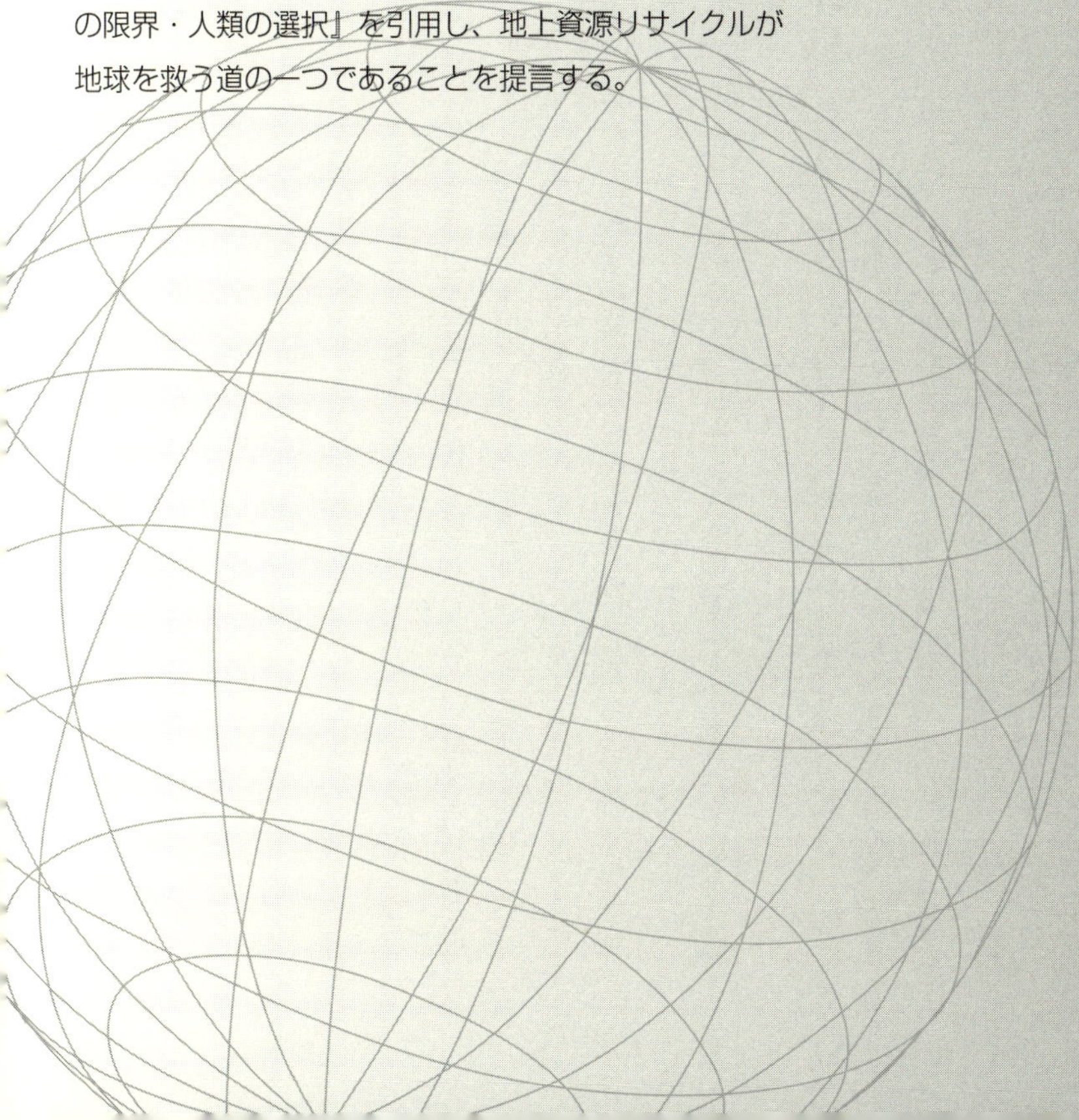

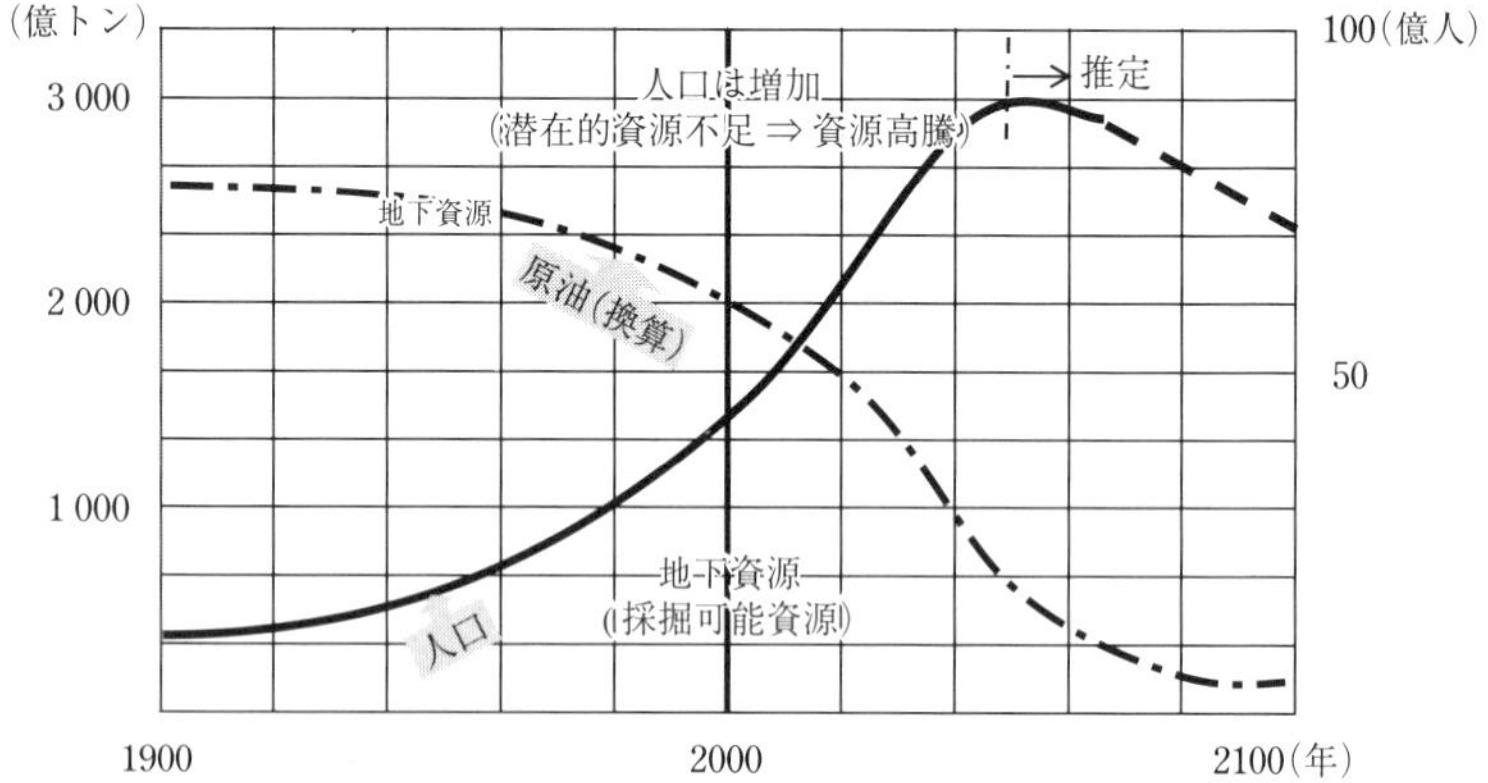

(『資源エネルギー年鑑』、(社)環境情報科学センター「資源枯渇特性係数」による)

図3-1　人口増加と地下資源の枯渇
(採掘可能な地下資源(おもに金属)は枯渇し地上に移行する)

1．人口と資源の推移

人口増加は止められない

まず、図3-1を見てほしい。一九〇〇年から二〇〇〇年までの地球の人口と資源量の推移を示している。よく知られているように、産業革命以降、地球の人口は爆発的に増加し、二〇〇八年現在、約六五億人が地球上に暮らしている。人口増加はすでに物理的現象になっているので、今後、二〇年程度はこの人口増加を止めることはできないといわれる。自動車がブレーキをかけてすぐに止まれないように、今、出生率を激減させたとしても、現在の子供たちが成人し結婚すれば子供が増えるからである。

逆に日本では出生率が低下していて、長期的には人口が漸減すると予測されている。豊かな国では人口が漸減したとしても破局的な問題にはならず、むしろ歓迎すべきであろう。しかし、開発途上国では

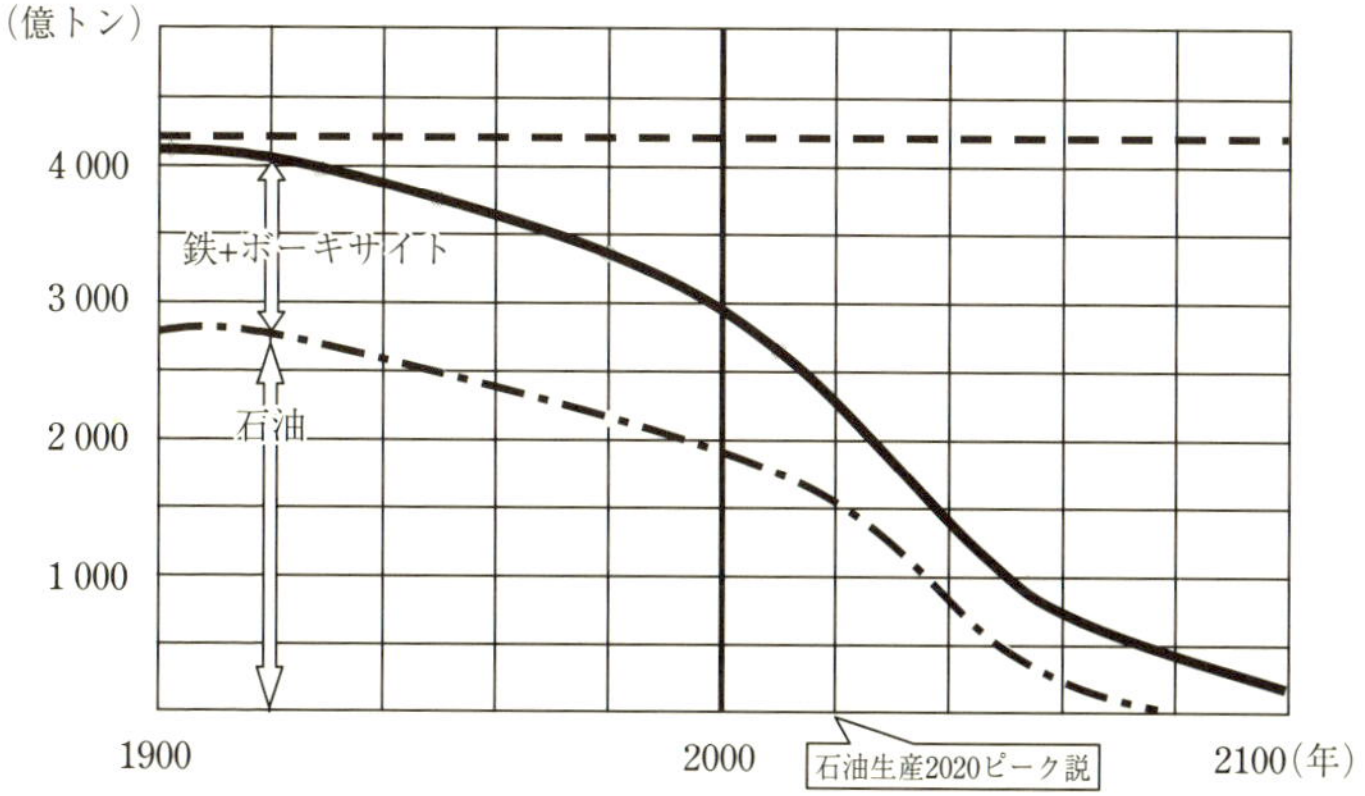

(社)環境情報科学センター：「資源枯渇係数」のデータから推算。

図３-２　石油、鉄、ボーキサイトの枯渇

貧しいがゆえに子供も増えざるを得ないという現実がある。

地下資源は減ってゆく

一方、地下資源であるが、石油は有限であり、残余量が減少すればおのずと生産量は減らざるを得ない。図３-２は石油、鉄、ボーキサイト（アルミニウムの原料）の地下埋蔵量の推移例であり、(社)環境情報科学センターの資源枯渇係数をもとに推算したものである。銅の資源量は絶対量が小さいので、この図からは割愛した。二〇二〇年頃、石油生産がピークを迎えるという説もあるように、二一世紀中葉には、新たな大規模油田が発見されないかぎり、石油生産量が減少に転ずることは避けられない。つまり、人口が増え、化石燃料が減れば、化石燃料の値段はさらに高騰してゆく。これは心理的な投機現象も相まってしばらくは増減を繰り返すが、長期的に漸増してゆくのは、需要・供給のバランスからは

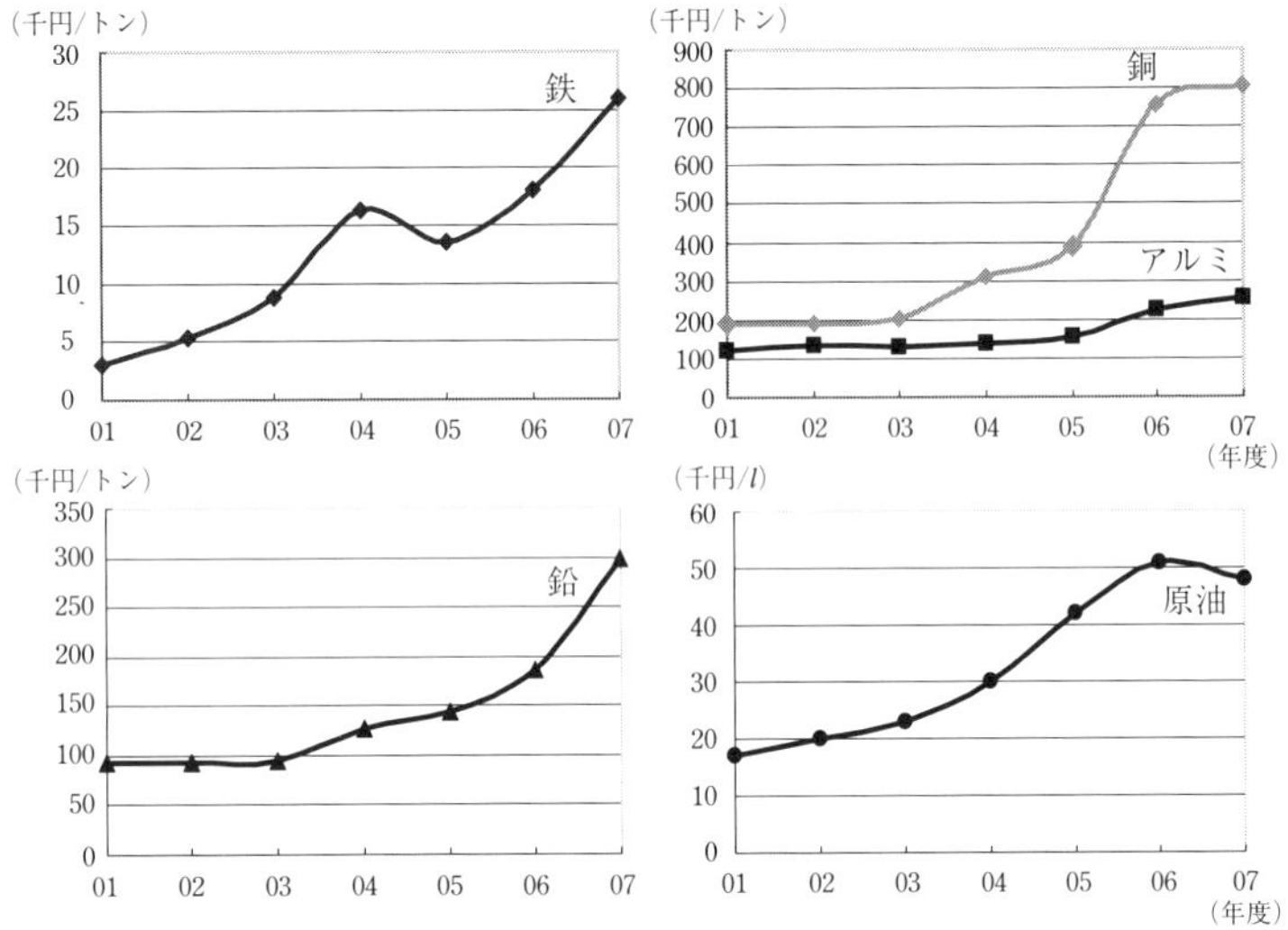

図3-3　有限資源の高騰
(有限資源の中で人口が増えれば、資源単価の高騰は今後も避けられない)

当然のことである。鉱物などの地下資源も同様に価格が高騰する。とくに、後述するレアメタルや希少金属は埋蔵量と可採年数が少ないだけに心配される。

需給バランスで決まる資源の価格

人口が増え資源が減ると、一人当りの資源量は減る。しかし、生活レベルの向上にむけて家電製品や自動車の生産量は世界的に増えており、需要が供給を上まわりつつある。この帰結が資源価格の高騰である。

著者は、家電リサイクル事業の運営で実際に金属類を売却していて、金属部品の売却価格が二〇〇三年後半から高騰してきたことを体験した。振り返ると四倍程度に高騰していた。図3-3に、鉄、銅、アルミニウム、鉛、原油の価格推移を示す。これらの傾向を一時的なものとする見方もあるが、長期的には資源価格が高騰してゆくことは避けられない。鉄鉱石はまだ余裕があるので、今の高騰は一時的なものかもしれないが、銅の可採年数は第２章の表２‐１で示したようにすでに三〇年を割っているため、高値で安定するとの見方が強い。著者はさらに高騰することを懸念している。

これから経済発展しようとする国々にとって、生活が豊かになるのはよいことである。しかし、資源枯渇が深刻になれば、すべての物価が高騰するだろう。そうなれば、経済発展も失速しかねない。日本は運良く先行して経済発展したが、運悪く地下資源は驚くほど限られている。ただ、経済発展が早かったおかげで、都市には地上資源が多く眠っている。

２．資源リサイクルを行うわけ

地球の資源バランス

図３‐４は、図３‐１を地下資源と地上資源に分けて描いた図である。象徴的なことは、地下資源量は二〇世紀中葉には劇的に減少することである。点線は、地球の地下資源量と地上資源量を加算した総和を示す。

地下資源が化石燃料の場合は、地上ではほとんどが二酸化炭素になっている。これを地上資源というのは適切ではないが、地球の立場でかつ地球時間であえていえば、植物にとっては資源である。濃度が上がり尽くした大気の二酸化炭素を植物が吸収し続け、極論すると、何億年か先にまた化石燃料ができないともかぎらない。

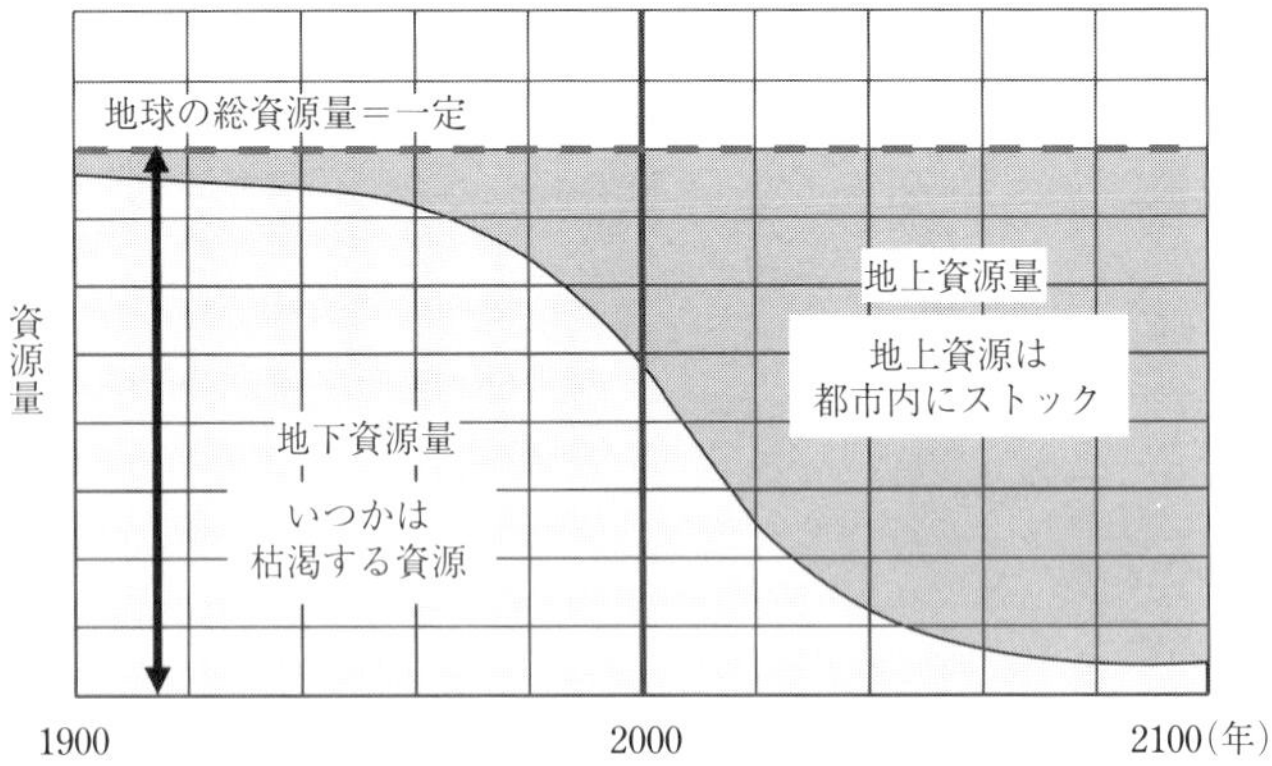

図3-4　地下資源は枯渇するが地球の総資源量は一定

地下資源が鉱物資源の場合は、地上資源は地上で使われている製品類や地表近くに埋められた廃棄物である。金属は、月や惑星の探査衛星などを除けば、地球上の量は一定であって減ったり増えたりしているわけではない。地球の物質収支は成り立っていて、存在場所が異なるだけである。つまり地下から地上へ。

地上資源量は増えてゆく

地下資源が減るとバージン原料は枯渇してゆくが、実は地上に移行しているだけである。そこで、図3-4の地上資源のみを上下反転させると図3-5になる。つまり、地上資源は増えているのである。この利用システムが持続可能社会に不可欠な仕組みであると考える。

図3-1、3-2、3-4に示したように、二一世紀中葉以降に地下資源が劇的に減少すると、解決策がないように思いがちである。たとえば、鉄がなければ自動車を生産できない。銅がなければ電線さえつくれない。インジウムがなければ液晶テレビが生産できない。パラジウムがなけ

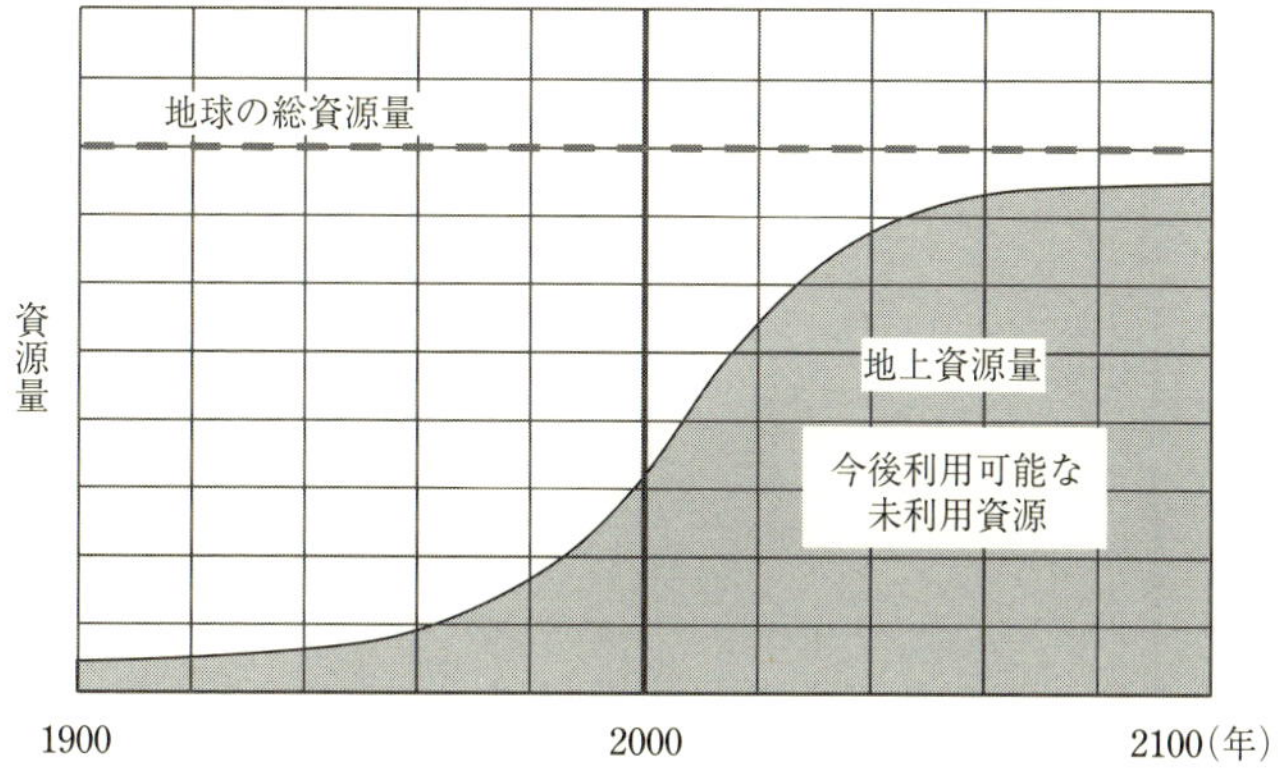

図３-５　地上資源は増加する（未利用の経営資源）

れば触媒がつくれない。しかし、ないのは地下資源であって、現実的な解決への知恵がないわけではない。地下資源を使わなければよいのである。地下資源を使わず自動車や液晶テレビをつくることは不可能ではない。原料があればよい。図３-５はそのための地上資源量を表していて、地上資源はむしろ増えてゆく。地上資源は再生可能な資源であるから、著者は地球の持続可能な経営のための経営資源と認識している。これを金属で表現したものが後述する「都市鉱山」に位置づけられる。

地上資源から製品製造原料を調達するために、リサイクルした金属資源やプラスチック資源を使って再び製品をつくることは今や現実となった。この具体的な例については第５章で述べる。そのようにして地下資源を使わなければ、おのずと地下資源の減少速度は遅くなる。

地上資源リサイクルの意義

図３-６を見てもらいたい。このまま地下資源を消費してゆくと、Ａカーブに示すように地下資源は破局的に枯渇

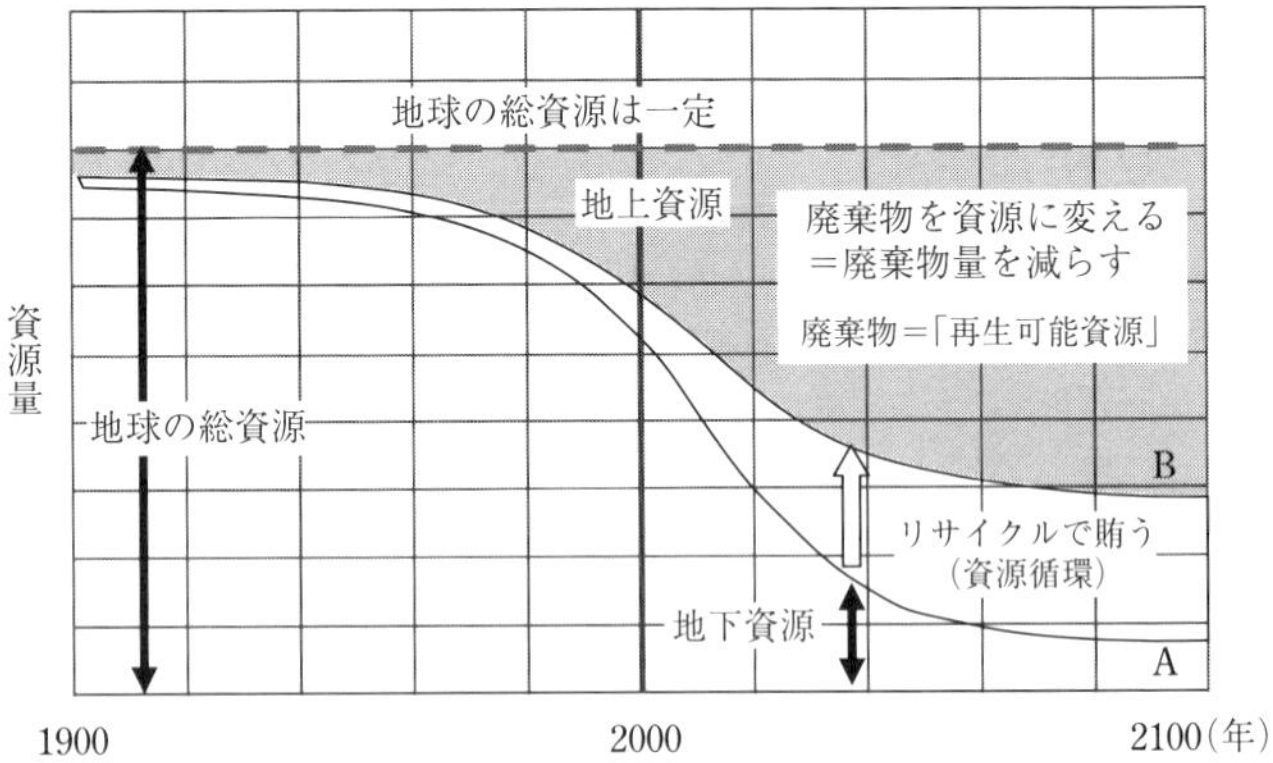

図3-6　リサイクルの位置づけ
（地上資源（製品廃棄物）をリサイクルすることは避けられない）

してゆく。この減少を食い止めるために地上の金属資源をリサイクルした場合がBカーブである。リサイクルにより原料を地下資源に依存せず、使用済み製品から調達すれば、地下資源を使わずにすむ。廃棄物は不要なものではなく、再生可能にする具体的手段がリサイクルである。

地下資源を使わないことのメリットはほかにもある。採掘の場合は、たとえば、鉱石の数倍量の土砂と岩石を剥離し、多量の廃棄物を生み出し環境も破壊しやすい。製錬は操作そのものにも大量のエネルギーを消費し、かつ製錬所の環境対策や廃棄物処理にもエネルギーを使う。しかし、これらは節約できる。鉄の場合には、鉄スクラップを電炉で溶かして生産するエネルギーは、原鉱石から生産するよりも三・五倍のエネルギーを節約できる。[7]もう一つの効果としては、使用済み製品のリサイクルを行うと、廃棄物を埋めないため、埋立空間という有限の地球経営資源を消費することもない。

地下資源がなくなるという前提に立つ

以上、述べてきたように、地球では地下の化石燃料も鉱物資源も有限である以上、人類が持続可能に生きるためには、地下資源がなくなるという前提に立たねばならない。このときの生き残り戦略の羅針盤は、再生不能資源に依存しない文明を構築することである。それが可能かどうかではなく、可能にしなければ危機的状況が訪れる。これを避けるための技術的で現実的な解決策を準備したい。残るは政策の実行である。

3. 世界モデルのなかでの資源リサイクル

ローマクラブが提言したこと

ローマクラブレポート『成長の限界』では、地球の人口、食糧、工業生産、資源、汚染の五つの変数に着目し、異なる条件と政策とを実施したときの、二一世紀末までの世界の変化をシミュレーションした[3]。ただし、シミュレーションは数式モデルに組み込まれた仮説と境界条件の数値とにもとづいて計算した結果を示しているだけであって、結果の妥当性を論じるものではない。

いくつかの仮説のもとで、人類が一〇〇年間で破局的な結末を迎えるケースと、それを回避するためのシミュレーション例が紹介されている。実は、資源節約が必要なことは『成長の限界』でもすでに指摘されていた。人類が均衡社会に漸近するには次のことが重要であるとされ、同書の一六二頁には施策が提言された。

（1）廃棄物の回収、汚染の防除、不要物を再生利用するための新しい方法
（2）資源の枯渇の速度を減らすためのより効率的な再循環技術
（3）資本の減耗率を最小にするため、製品の寿命を増加し、修復を容易にするような優れた設計

その後、日本政府は一九九〇年代後半から、循環型社会を実現する政策を相次いで立案し、意欲的に実行してきた。これは、ローマクラブの警鐘と前述の（1）～（3）の解決策とをもっとも真摯に受け止めた国が日本だったということではないだろうか。

従来の政策を踏襲するシナリオ

著者は、『成長の限界・人類の選択』中のシナリオ1と6に注目し、両シナリオから資源循環がになう役割を比較した。

図3-7にシナリオ1の結果を示す。[4] シナリオ1は二〇世紀の政策をあまり大きく変更することなく踏襲したときの資源、工業生産、人口、食糧、汚染の経過を、一九〇〇年から二一〇〇年までシミュレートした結果である。人口と工業生産は二〇〇〇年以降もしばらく成長を続け、二〇〇〇年から二〇二〇年にかけての人口は約二〇%、工業生産は約三〇%増加する。この二〇年間で、地球がかつて一九〇〇年から二〇〇〇年までの一〇〇年間で消費した「再生不可能な資源」（鉱物、金属、化石燃料）を消費してしまい、汚染の程度も二倍以上になる。

資源の採掘・精製に必要な投資はさらに加速度的に増えて、「再生不可能な資源」が次第に入手しにくくなる。この結果、経済の他部門への投資資金が不足することで、二一世紀中葉に向けて工業製

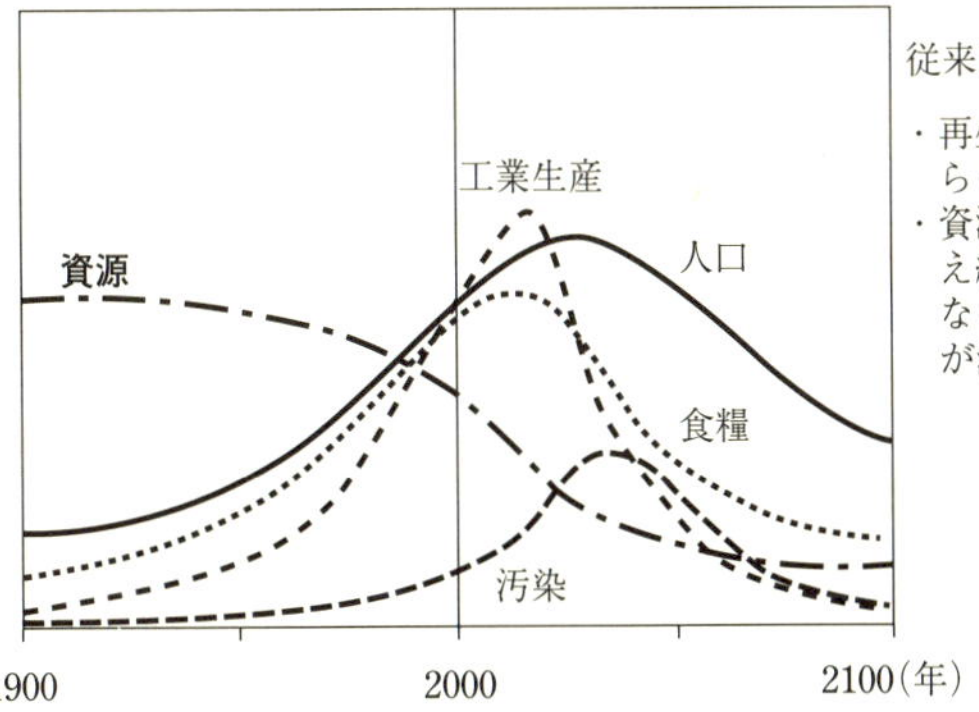

従来政策を踏襲するケース

・再生不可能資源が入手しづらくなり破局に近づく。
・資源確保のための投資が増え経済の他への投資ができなくなり、工業生産・食糧が減少する。

図３-７　地球シミュレーションシナリオ１

品、サービス、食糧も減少してゆく、というものである。このなかの資源の減少カーブは図３-６で示したＡカーブと同じであり、資源制約が地球を停滞に導くというパターン（予言ではない）になる。このようにシナリオ１では、資源制約を一つのトリガーとして人口、食糧、工業生産が二一世紀中葉から減少するという、好ましくない結果を生む。

資源を節約するシナリオ

「再生不可能な資源」（鉱物、金属、化石燃料）を節約する技術を導入するのが図３-８のシナリオ６である。[4] 汚染除去、土地収穫率の改善、土地浸食軽減、「再生不可能な資源」の効率改善にかかわる強力な技術を同時に開発する場合で、このような技術開発と実施には二〇年かかると仮定されている。図３-８の資源は、図３-７のシナリオ１の二倍程度入手可能と仮定されている。効率改善にかかわる複数の技術開発を実施するなかで、「再生不可能な資源」（鉱物、金属、化石燃料）の減少は二一世紀中葉に落ち着く。汚染は二一世紀中葉に二倍以上に増えるが、それ以後は減少し、人口、食糧、工

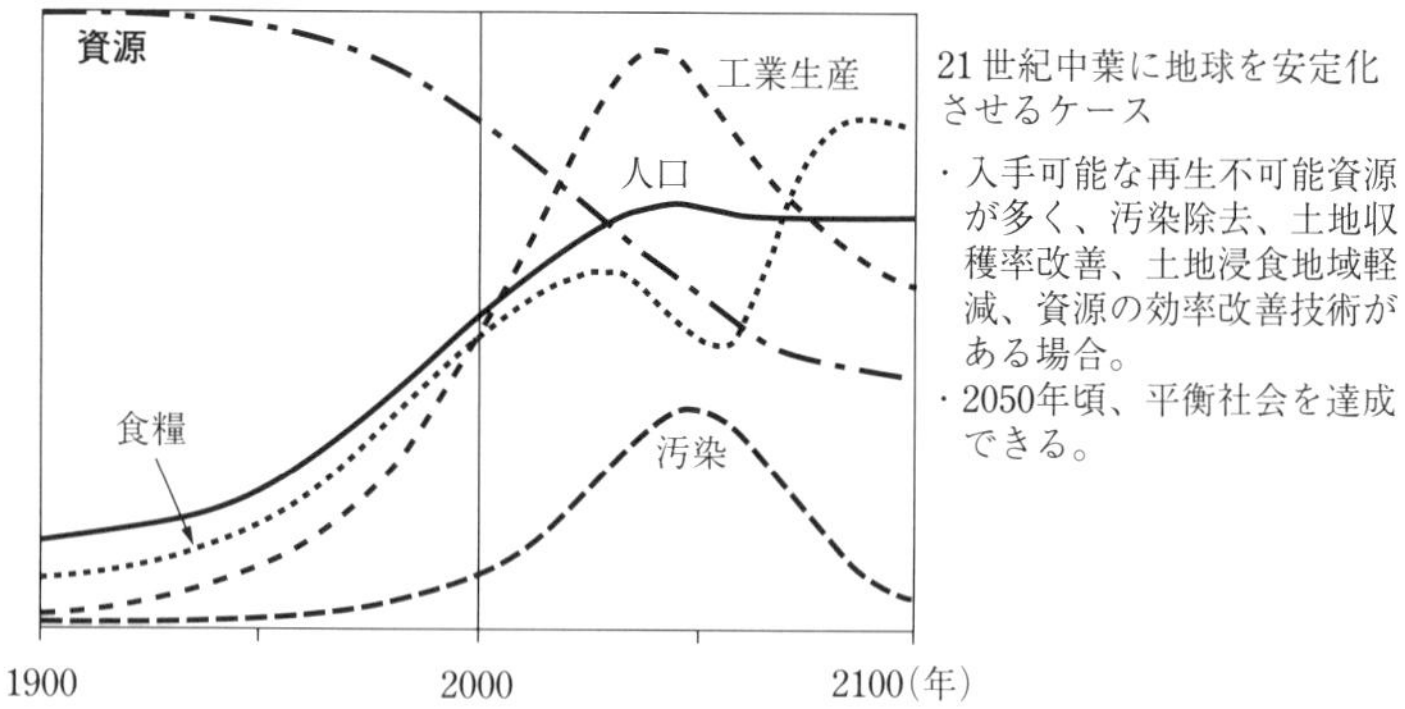

21世紀中葉に地球を安定化させるケース
・入手可能な再生不可能資源が多く、汚染除去、土地収穫率改善、土地浸食地域軽減、資源の効率改善技術がある場合。
・2050年頃、平衡社会を達成できる。

図3-8 地球シミュレーションシナリオ6
(地球の破局を回避するには、再生不可能資源＝化石燃料を高効率で使い(または使うことを控えて)、化石地下水、鉱物をリサイクルすることが必要条件である)

業生産も破局を迎えず安定化してゆく。図3‐8のなかで資源の減少カーブは、図3‐6のBカーブと類似している。

シナリオ6の条件として、「単位工業生産あたりに必要な再生不可能な資源の量を年四%まで減らす技術を導入する」ことと、「開発する技術は効果を発揮するまでに二〇年の遅れがあり資本コストが必要である」と仮定している。つまり、平衡社会をつくるための技術的目標が与えられている。

「再生不可能な資源」(化石燃料、鉱物、金属)を多くするということが重要な選択肢になるが、そのためには次の三項目が必要とされている。

(1)未開発の化石燃料や鉱物を発見し経済的合理性を満足する条件で資源を採掘すること

(2)化石燃料利用の一部を再生可能資源に変換すること

(3)化石燃料と鉱物・金属資源の消費を抑制すること

（1）の選択肢は持続可能ではないので、（2）と（3）の選択肢が重要になる。（2）は化石燃料を非化石燃料に代替（=低炭素社会の実現）すること、（3）は鉱物・金属資源を地上資源でリサイクルすること（=循環型社会の実現）が、具体的かつ現実的である。[4]

破局を迎えないシナリオ6に近づくためには、地球資源の絶対量と二一世紀における利用可能な資源量が豊富にあることが前提となっている。そのためには、新たな地下資源を多量に発見するか、地上資源を都市で循環利用することしかない。前者は努力してもかぎりがあることから、後者の地上資源リサイクルこそが今とるべき重要な対策なのである。

第 4 章

都市鉱山に着目した地上資源リサイクル

資源の有限性については、鉄、銅、アルミニウムなどのベースメタルだけでなく、量的には少ないが産業を支えるレアメタルや希少金属が重要になる。そこで、都市鉱山や人工鉱床の意味と意義をふまえて、地上資源リサイクルの概念を説明する。また、持続可能な社会を構築するために必要な戦略や具体策について著者の考えを述べたい。

1．金属の分類とレアメタル

元素の周期律表

元素の周期律表を見てほしい（表4−1）。高校の化学の授業を思い出すと、原子番号の一と二は水素とヘリウムだった。ところで、ビッグバンにより宇宙が生まれた初期の元素は、原子番号が一〜三番目までの水素、ヘリウムとリチウムがほとんどだったとされている。その後、数億年後までに、恒星が生まれ、核融合や超新星の爆発により酸素、炭素、窒素がつくられ、さらに複雑な元素群が微量つくられてきた。このため、原子番号の大きな元素は少なくなる傾向にある。レアメタルも同じメカニズムで宇宙から生まれた。これらを組み合わせて生命をつかさどる有機化合物も生成された。なじみの元素やレアメタルは宇宙の歴史の結果なのである。

ベースメタル

多くの元素があるなかで、鉄、銅、アルミニウム、亜鉛が「ベースメタル」と呼ばれる。これらは使用量が多く、生活用品、工業製品をつくる主要な元素である。家電リサイクル法の対象である冷蔵庫、洗濯機、テレビ、エアコンなどは、これらのベースメタルが多く使われている。また、ベースメタルはあらゆる電機製品、工業製品の原料になり、使用後はスクラップ類として回収・選別されて再び原料に戻る量も多い。

表4-1　元素周期律表

H 水素																	He ヘリウム
Li リチウム	Be ベリリウム											B ホウ素	C 炭素	N 窒素	O 酸素	F フッ素	Ne ネオン
Na ナトリウム	Mg マグネシウム											Al アルミニウム	Si ケイ素	P リン	S 硫黄	Cl 塩素	Ar アルゴン
K カリウム	Ca カルシウム	Sc スカンジウム	Ti チタン	V バナジウム	Cr クロム	n マンガン	Fe 鉄	Co コバルト	Ni ニッケル	Cu 銅	Zn 亜鉛	Ga ガリウム	Ge ゲルマニウム	As ヒ素	Se セレン	Br 臭素	Kr クリプトン
Rb ルビジウム	Sr ストロンチウム	Y イットリウム	Zr ジルコニウム	Nb ニオブ	Mo モリブデン	Tc テクネチウム	Ru ルテニウム	Rh ロジウム	Pd パラジウム	Ag 銀	Cd カドミウム	In インジウム	Sn スズ	Sb アンチモン	Te テルル	I ヨウ素	Xe キセノン
Cs セシウム	Ba バリウム	※	Hf ハフニウム	Ta タンタル	W タングステン	Re レニウム	Os オスミウム	Ir イリジウム	Pt 白金	Au 金	Hg 水銀	Tl タリウム	Pb 鉛	Bi ビスマス	Po ポロニウム	At アスチタン	Rn ラドン
Fr フランシウム	Ra ラジウム	※※	Rf ラザホージウム	Db ドブニウム	Sg シーボーギウム	Bh ボーリウム	Hs ハッシウム	Mt マイトネリウム	Ds ダームスタチウム	Rg レントゲニウム							

※ランタノイド	La ランタン	Ce セリウム	Pr プラセオジム	Nd ネオジム	Pm プロメチウム	Sm サマリウム	Eu ユウロピウム	Gd ガドリニウム	Tb テルビウム	Dy ジスプロシウム	Ho ホルミウム	Er エルビウム	Tm ツリウム	Yb イッテルビウム	Lu ルテチウム
※※アクチノイド	Ac アクチニウム	Th トリウム	Pa プロトアクチニウム	U ウラン	Np ネプツニウム	Pu プルトニウム	Am アメリシウム	Cm キュリウム	Bk バークリウム	Cf カリホルニウム	Es アインスタイニウム	Fm フェルミウム	Md メンデレビウム	No ノーベリウム	Lr ローレンシウム

元素記号　レアメタル47種（アンダーライン）　元素名　ベースメタル　希少金属

レアメタル

「レアメタル」とは、経済産業大臣の諮問機関である鉱物審議会レアメタル総合対策小委員会が定義した計四七の元素である。表4-1で、文字が白抜きになった元素である。内訳として三〇元素と希土類元素一七元素がある。表4-2には、レアメタル三〇元素の地殻内の存在量、価格例、おもな用途を示す。[8] 希土類元素はレアアースと呼ばれ、スカンジウム（Sc）、イットリウム（Y）の二元素に加えて、ランタノイドと呼ばれるランタン（La）からルテニウム（Ru）までの計一七元素からなる。

レアメタルは表4-2に示すように、燃料電池に使われるリチウム、ステンレスに使われるニッケル、液晶テレビに使われるインジウム、触媒に使われる白金など、特殊な機能を発現させるための必須元素である。このように、電子材料、磁性材料、構造材料、機能性材料として現代生活に不可欠の元素である。たとえば、レアメタルは大型の家電品にはあまり使われていないが、パソコン、デジタルカメラ、携帯電話、液晶テレビ、インバータモーターなどのハイテク製品に多く含まれている。

希少金属

一方、「希少金属」の代表は金と銀である。金と銀はレアメタルに分類されていないが、希少で高価であるという意味で、広義の意味でレアメタルといわれることもある。金はおもに電子回路の接点や接合のためのめっき剤として多用されている。金と銀は、レアメタル同様、身近なパソコンやハイテク機器に含まれていて、含有量はレアメタルに比べ桁違いに多いのが特徴である（後掲表4-6）。

表 4-2　レアメタル

元素	地域内の存在量（ppm）	価格（例）	おもな用途
リチウム Li	20	580 円（酸化 Li 1 kg）	Li 電池正極材
ベリリウム Be	3	4 500 円/kg（2006）	X 線検出器窓
ホウ素 B	10	55 万円/kg	ガラス、ホウロウ、防虫剤
希土類	—	—	—
チタン Ti	4 400	1 300 円（フェロ Ti 1 kg）	合金、顔料、光触媒
バナジウム V	140	4 300 円/（フェロ V 1 kg）	鉄鋼、超電導材、触媒
クロム Cr	100	280 円/（フェロ Cr 1 kg）	ステンレス、合金
マンガン Mn	950	190 円/（フェロ M 1 kg）	鉄鋼、合金、電池、磁性体
コバルト Co	26	6 600 円/kg	超硬工具、特殊鋼、触媒
ニッケル Ni	76	3 200 円/kg	ステンレス、触媒、電池
ガルウム Ga	10	14 万円/kg（2006）	LED、半導体素子
ゲルマニウム Ge	1	87 000 円/（二酸化 Ge 1 kg）	蛍光体、半導体素子、触媒
セレン Se	0.04	8 800 円/kg	複写機感光体、太陽電池
ルビジウム Rb	93	240 万円/kg	ガラス、触媒
ストロンチウム Sr	370	7 400 円/（炭酸 Sr 1 kg）	ブラウン管ガラス、磁性体
ジルコニウム Zr	167	90 円/（Zr 鉱 1kg）	耐火材、原子力燃料被覆管
ニオブ Nb	20	8 000 円/（高純度単体 1 kg）	鉄鋼、超電導材、耐食材
モリブデン Mo	1.4	8 087 円/（Mo 鉱 1 kg）	特殊鋼、合金、触媒
パラジウム Pd	0.01	140 万円/kg	排ガス触媒、電子部品
インジウム In	0.1	77 000 円/kg	蛍光体、透明電極
アンチモン Sb	0.2	650 円/kg	合金、特殊鋼、難燃材
テルル Te	0.01	15 000 円/kg	複写機感光体、DVD/CD
セシウム Cs	3	500 万円（高純度単体 1 kg）	触媒、光ファイバー
バリウム Ba	429	20 万円/kg	X 線造影剤、ブラウン
ハフニウム Hf	4	260 万円/（高純度単体 1 kg）	原子炉制御棒、ガラス
タンタル Ta	2	17 000 円/kg（2006）	コンデンサー、超硬工具
タングステン W	1	1 890 円/（三酸化 W 1 kg）	超硬工具、特殊合金、触媒
レニウム Re	0.01	100 万円/kg	超耐熱合金、石油精製触媒
白金 Pt	0.01	550 万円/kg	排ガス触媒、電子部品
タリウム Tl	0.4	15 万円/（高純度単体 1 kg）	殺鼠剤、低融点ガラス
ビスマス Bi	0.2	3 700 円/kg	磁性体、電子部品、触媒

価格は変動する

（小谷太郎『宇宙で一番美しい周期律表』青春新書、青春出版社、2007 による。一部改変）

2．レアメタルをとりまく状況

レアメタル価格の高騰

レアメタルを使用する電子機器等の生産量が増加し、価格が高騰している。二〇〇二年に比べて二〇〇五年にはインジウムは約六倍に、モリブデンは約五倍に高騰した。レアメタルが産業立国日本のアキレス腱になりかねないとの危惧から、国家備蓄が行われている。一九八三年改正の「金属鉱業事業団法」によって、石油天然ガス・金属鉱物資源機構が一八日分、民間企業が四二日分の国内備蓄を行っている。対象品目は、ニッケル（Ni）、クロム（Cr）、タングステン（W）、モリブデン（Mo）、コバルト（Co）、マンガン（Mn）、バナジウム（V）である。今後、インジウム（In）、リチウム（Li）と、いくつかのレアアースの追加が検討されている。

レアメタルの産出国と価格

表4–2に示したように、レアメタルはベースメタルと比較して高価でかつ存在量が少ない。また、産出国が偏っているという特徴がある。主たる産出国はアメリカ、中国、南アフリカ、チリ、カナダ、ブラジル、ロシアなどであり、ほとんどのレアメタルが上位三か国で、産出量の五〇～九〇％を占めている。価格は、安価なものは一キログラムが一〇〇〇円強のニッケルから、一キロが五〇〇〇万円以上する白金まで、幅広い。これらの価格は、埋蔵量だけでなく、鉱山の稼動・操業状態、需要と供給

のバランス、投機などによって大きく変動するが、総じてこの数年は上昇傾向にある。需要が増せば、新規鉱山の開拓や代替材料の開発なども加速するので、一概に価格の増減を予測できない。ただ、第2章で述べたように、人口の増加にともない、一人当たりの資源量は減少するので、中長期的には価格は必ず上昇すると予想される。

地球に存在するレアメタル量

レアメタルを直訳すると希少金属であるが、埋蔵絶対量が本当に希少な鉱物と、埋蔵絶対量は多いが採掘が経済的に困難な鉱物とがある。これを識別するためにクラーク数がある。まず、図4-1の横軸のクラーク数を見てほしい。クラーク数とは地殻に含まれる元素の割合を、ppm（parts per million：一〇〇万分の一）を数値「一」として示した数値である。つまり、地殻に含まれる元素の割合が一〇〇万分の一（10^{-6}）ならクラーク数は一（ppm）である。一〇万分の一（10^{-5}）ならクラーク数は一〇（ppm）である。もし地殻に含まれる元素を一〇〇％とすると、クラーク数は10^6となる。

図4-1の縦軸は年間生産量（トン）を表す。たとえば一番右上に位置する鉄（Fe）はクラーク数が大きく生産量も多い。ベースメタルたる所以である。アルミニウム（Al）と銅（Cu）の生産量は同レベルだが、両者のクラーク数には一〇〇倍以上の開きがある。つまり、地殻の賦存量として見ると、銅（Cu）はアルミニウム（Al）に比べて埋蔵量が一〇〇分の一しかなく、枯渇しやすい元素といえる。クラーク数が10から10^2の範囲にあって生産量が多い元素は、銅（Cu）、亜鉛（Zn）、鉛（Pb）である。同じ10～10^2のクラーク数であっても生産量が小さい元素としては、タンタル（Ta）、イットリウム

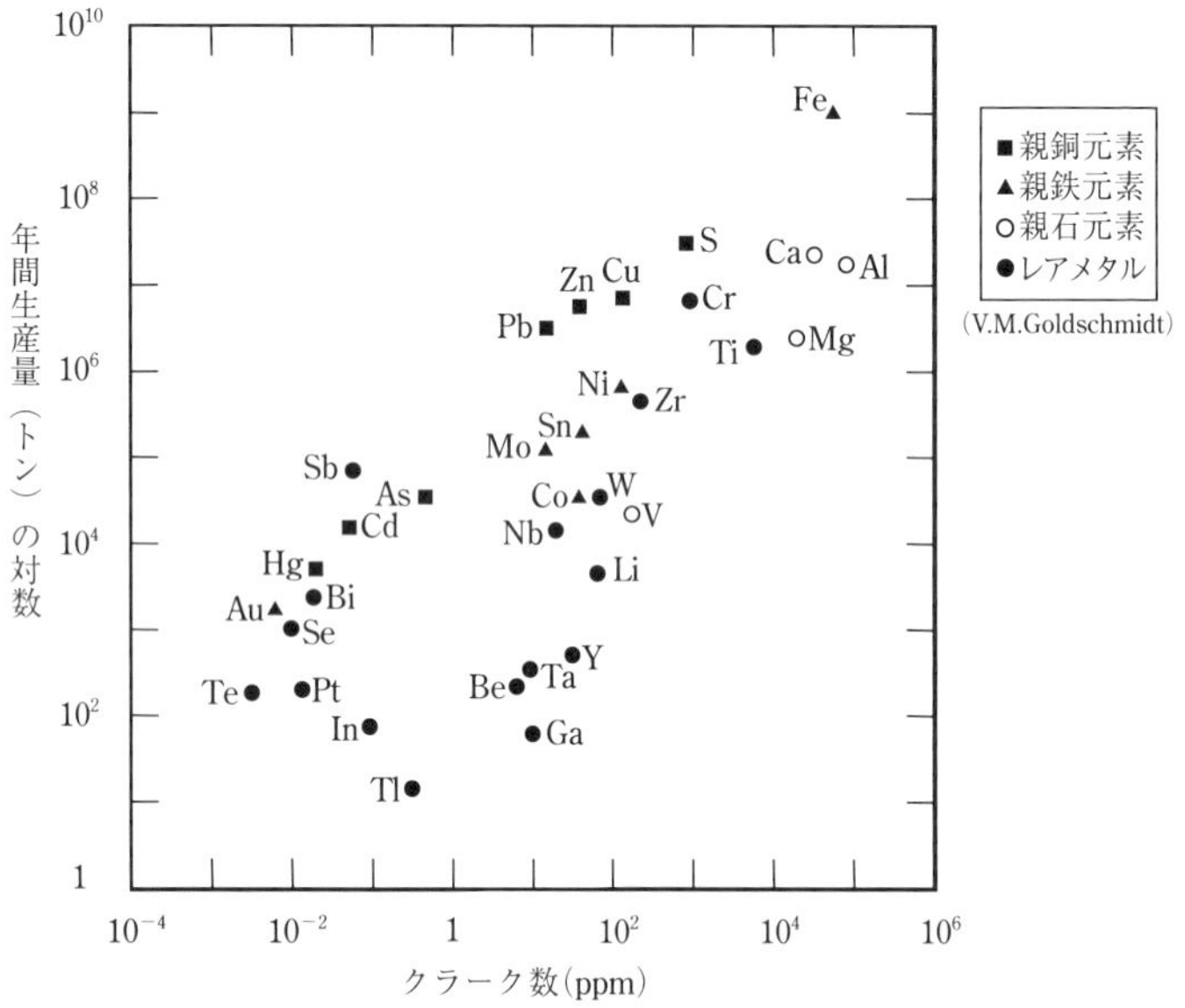

図4-1　クラーク数と資源生産量
（DOWAエコシステム（株）による）

（Y）、ベリリウム（Be）、ガリウム（Ga）である。これらの元素群に比べると、銅（Cu）、亜鉛（Zn）、鉛（Pb）は地殻賦存量が少ない。つまり、クラーク数が小さい割には年間生産量の多い元素なので、将来、より枯渇しやすい。他方、銅（Cu）、亜鉛（Zn）、鉛（Pb）に比べてクラーク数がさらに小さく10^{-3}～10^{-1}の幅にあって、年間生産量も少ない元素は金（Au）や白金（Pt）などであり、両元素はきわめて枯渇しやすいことがわかる。

レアメタルの可採年数

鉄（Fe）、銅（Cu）、錫（Sn）、鉛（Pb）、金（Au）、銀（Ag）の可採年数と、主要レアメタルの可採年数とを表4-3に示す。

表4-3　金属の可採年数

ベースメタルと希少金属		レアメタル			
鉄（Fe）	94.6	インジウム	5.8	ニッケル	41.3
銅（Cu）	31.3	アンチモン	13.0	モリブデン	48.0
錫（Sn）	22.3	カドミウム	25.8	セレン	59.0
鉛（Pb）	19.9	タンタル	33.3	コバルト	121.7
金（Au）	16.8	タングステン	39.0	テルル	164.0
銀（Ag）	13.8	マンガン	40.0	リチウム	194.3

金、銀は希少金属。
計算法が違うため表1-1とは数値が異なるが、大きな差はない。
（DOWAエコシステム（株）による。埋蔵量を消費量で割った数値）

鉄は約一〇〇年、銅、錫、鉛は約三〇年未満である。金と銀は二〇年以下である。レアメタルの可採年数は、総じて数十年未満で、インジウムは一〇年を切っている。可採年数は鉱脈・鉱床の発見により変化し、消費速度によっても変化する。可採年数後に資源がなくなるわけではないが、そう遠くない将来に向けて地下資源は枯渇してゆき、価格は上昇する。

製品中のレアメタル

ベースメタルである鉄は産業革命以来、地球の機械文明化を牽引してきた。電気製品が登場し、電気や熱を伝える金属として銅が使われ、軽量化を加速したのがアルミニウムである。金、銀、銅、鉛、亜鉛のおもな用途を表4-4[9]に示す。電子機器の時代になり、高度の機能を発現させる元素としてレアメタルが重要な役割を果たすようになった。

次に、小型電子機器に使われる非鉄金属等の含有量を表4-5[9]に示す。まず目をひくのは、金（Au）、銀（Ag）、銅（Cu）の含有量が圧倒的に多いということである。レアメ

表4-4　金属と希少金属のおもな用途

金属種	おもな用途
銅	電線（信号線、電力線）、銅合金（コネクターなど）、銅鋳物
鉛	バッテリー、無機薬品、はんだ、鉛管、電線
亜鉛	亜鉛めっき鋼板、真鍮鋳物、ダイカスト
金	電気接点・電子部材接合材（めっき含む）、歯科材料、宝飾品
銀	写真感光材料、電気接点・電子部材接合材、銀ペースト配線材

金、銀は希少金属。

タルであるパラジウム（Pd）は量としては相対的に少ないが、携帯MDプレイヤー、デジタルカメラ、携帯電話などの製品に含まれている。ハイテク電子機器は金、銀、銅、レアメタルの宝庫であり、製造企業にとってはその調達を持続可能にしなければ生き残れない。

リチウム（Li）やコバルト（Co）は燃料電池に採用され、白金（Pt）やパラジウム（Pd）は自動車触媒として不可欠である。白金（Pt）とルテニウム（Ru）は磁気ディスクのターゲット材に使われる。インジウム（In）は液晶テレビやプラズマテレビの透明電極に、タングステン（W）は超硬工具、アンチモン（Sb）は難燃助剤に必要である。レアアースとして分類されるネオジウム（Nd）やディスプロシウム（Dy）は、ハイブリッドカーやハードディスクなどの高精度モーターに利用される。

合金が文明を支える

このように、地球の環境保全のための環境産業、情報産業の発展にはレアメタルとレアアースは不可欠であり、未来の製造業にとってこの調達は重要な課題である。ここで、金属と合金の歴史をちょっと振り返ってみよう。

表 4-5　小型電子機器中の非鉄金属等含有量（分析例）

品目	質量 (g/台)	Au (g/t)	Ag (g/t)	Cu (%)	Pd (g/t)	Pb (%)	Bi (%)	Se (%)	Te (%)	Zn (%)	Cd (%)	Hg (%)	As (%)
ポータブル MD プレーヤー	100	230	1 400	8.7	10	0.003	0.001	<0.001	<0.001	0.022	0.002		<0.001
ポータブル CD プレーヤー	170	130	1 210	5.5	6	0.180	0.002	0.001	<0.001	0.003	0.002		0.010
カセット プレーヤー	140	40	850	8.2	6	0.140	0.004	0.004	<0.001	0.008	<0.001		0.006
デジタル カメラ	360	170	500	5.6	4	0.020	0.040	<0.001	<0.001	0.005	0.001		<0.001
デジタル ビデオ	930	100	630	6.9	30	0.190	0.013	0.001	<0.001	0.011	0.001	微量検出	0.014
携帯音楽 プレーヤー	50	500	2 400	11.3	50	0.400	0.003	0.001	<0.001	0.011	0.002		0.023

金属の複合利用と文明の発展には密接な関係があり、鉄文明から青銅文明へ、真鍮やステンレスの発明、半導体の発明へと続いてきた。鉄や青銅は古くから武器に使用されてきた。戦争は決して肯定できないが、文明を変革する律速資源だったのである。産業革命により蒸気機関が登場し、発電システム、交通システム、建築物などを支えるために大量の金属が生産されてきた。鉄は国家であり、合金は文明である。現代では、ステンレスなどのバルク材料に加えて、今やレアメタルを使用した高機能材料が文明を支えている。

このように見てくると、地上資源のリサイクルは、単に地下資源の枯渇を防ぐというだけでなく、文明の発展に不可欠なレアメタル材料を地上で調達するという側面をもつことがわかる。レアメタルを使う高機能製品は、利便性を増すという面に加えて、結局、省エネや省資源にも役立つ場合が多い。それゆえ、地上資源リサイクルはこれから一層重要性を増す社会インフラに位置づけられる。

レアメタルの生産

レアメタルは、銅、鉛、亜鉛、アルミニウムなどの主要鉱石のなかに微量に含まれているものが多い。たとえば、亜鉛の製錬過程ではカドミウム（Cd）、ガリウム（Ga）、インジウム（In）、ゲルマニウム（Ge）が副産物として生産できる。銅の製錬過程では、金（Au）、銀（Ag）、ロジウム（Rh）、ニッケル（Ni）、セレン（Se）、白金（Pt）、パラジウム（Pd）などを回収できる。このような製錬炉は本来、目的とするベースメタル製錬の副産物としてレアメタルを生産していた。

他方、量的比率はまだ低いが、電子機器からもレアメタルを回収し濃縮するようになってきた。これを実現している企業群がＤＯＷＡホールディングス、三菱マテリアル、日鉱金属などである。日本の製造業を支える鉄鋼産業に続く、将来性のある素材産業である。

3．地上資源の埋蔵のかたち

都市鉱山

金（Au）やインジウム（In）などの希少資源が地下の鉱山でなく都市に内蔵されていることを表す言葉「都市鉱山」が、最近よく使われるようになった。都市鉱山とは、一九八〇年代に東北大学の南條道夫教授によって提唱されたリサイクル概念で、使用済み廃棄物に資源が多く含まれていることを、都市に鉱石が眠っている、と捉えたのである。提唱された一九八〇年代に比べ、現在は埋蔵量の少ない希少金属が多用される情報機器の数が爆発的に多くなってきた。情報機器に使用されるエネルギー

表4-6　パソコン基板の経済的価値（変動する）

	含有率		単価		価値
金	300 g/トン	×	2 500 円/g	=	75 万円/トン
パラジウム	100 g/トン	×	1 400 円/g	=	14 万円/トン
銀	2 000 g/トン	×	50 円/g	=	10 万円/トン
銅	150 kg/トン	×	900 円/kg	=	13.5 万円/トン
鉛	10 kg/トン	×	180 円/kg	=	0.2 万円/トン

（DOWAエコシステム(株) による）

も実はかなり増えている。

パソコンの草創期であった一九八〇年代には想像もつかなかった変化である。とくに、パソコンだけでなく携帯電話やデジタルカメラ、DVDがコモディティ製品になった。パソコンの金含有率は良質の天然鉱石よりも圧倒的に高いといわれている。たとえば、世界最高品質の鹿児島県・菱刈鉱山の金鉱石一トン当りの金含有率は約八〇グラムである。これに対して、パソコンの基板一トンには約三〇〇グラムの金を含む（表4-6）。今や、金鉱山は山にではなく都市にある。このため、鉱石は鉱山や地下から採掘するよりも、都市に埋もれている情報機器類から回収するほうが、経済的にも環境的にも有利な時代になりつつある。情報機器は分散型超優良鉱石の側面をもつ、といえる。

DOWAエコシステム(株)は、パソコンの基板を例に、金属としての最終的経済的価値を試算して表4-6を得た。金（Au）、パラジウム（Pd）、銀（Ag）、銅（Cu）、鉛（Pb）の含有率に単価を掛けて試算したものである（ただし、表4-6の単価は常に変動している）。表から、パソコンの経済的価値で最大のものが金（Au）であることがわかる。パソコンは都市に分散している微小・高品質の金鉱石と見なせるが、収集・回収と製錬に要する経済的費用を差し引いたものが、実際に得られる経済的価値であり、表4-6そのものが利益ではない。

都市鉱石

二〇〇一年から施行された家電リサイクル法の対象製品は、冷蔵庫、洗濯機、エアコン、テレビである。これらの大型家電製品はおもに鉄、銅、アルミニウムとプラスチック類をバルク素材としてつくられている。資源有効利用促進法で定められたパソコンリサイクルの対象には、デスクトップ型パソコンと液晶パネルを使ったノート型パソコンなどがある。これら以外にも表4-5に示したような電子機器があり、希少金属とレアメタルなど、地下鉱物資源が地上で濃縮された低エントロピー資源が含まれている。たとえば、携帯電話にはパラジウムが一〇〇g／トン含まれている。含有比率は10^{-4}であり、図4-1に示したようにクラーク数は約10^{-2}であるから、地殻の存在比は10^{-8}である。つまり、10^{-8}から10^{-4}へと一万倍濃縮されたパラジウム鉱石といえる。言い換えれば、パソコンや携帯電話は「都市鉱石」である。

地下資源依存の限界

これまでは地下資源を潤沢に採掘してきたが、地下資源の絶対量が減少すれば物理的にも経済的にも採掘が困難となる。鉱物を地下から採掘するには、環境破壊とエネルギー消費をともなって鉱物を濃縮してゆく。この従来の方法では、地下資源が有限である以上、持続可能とはいえない。

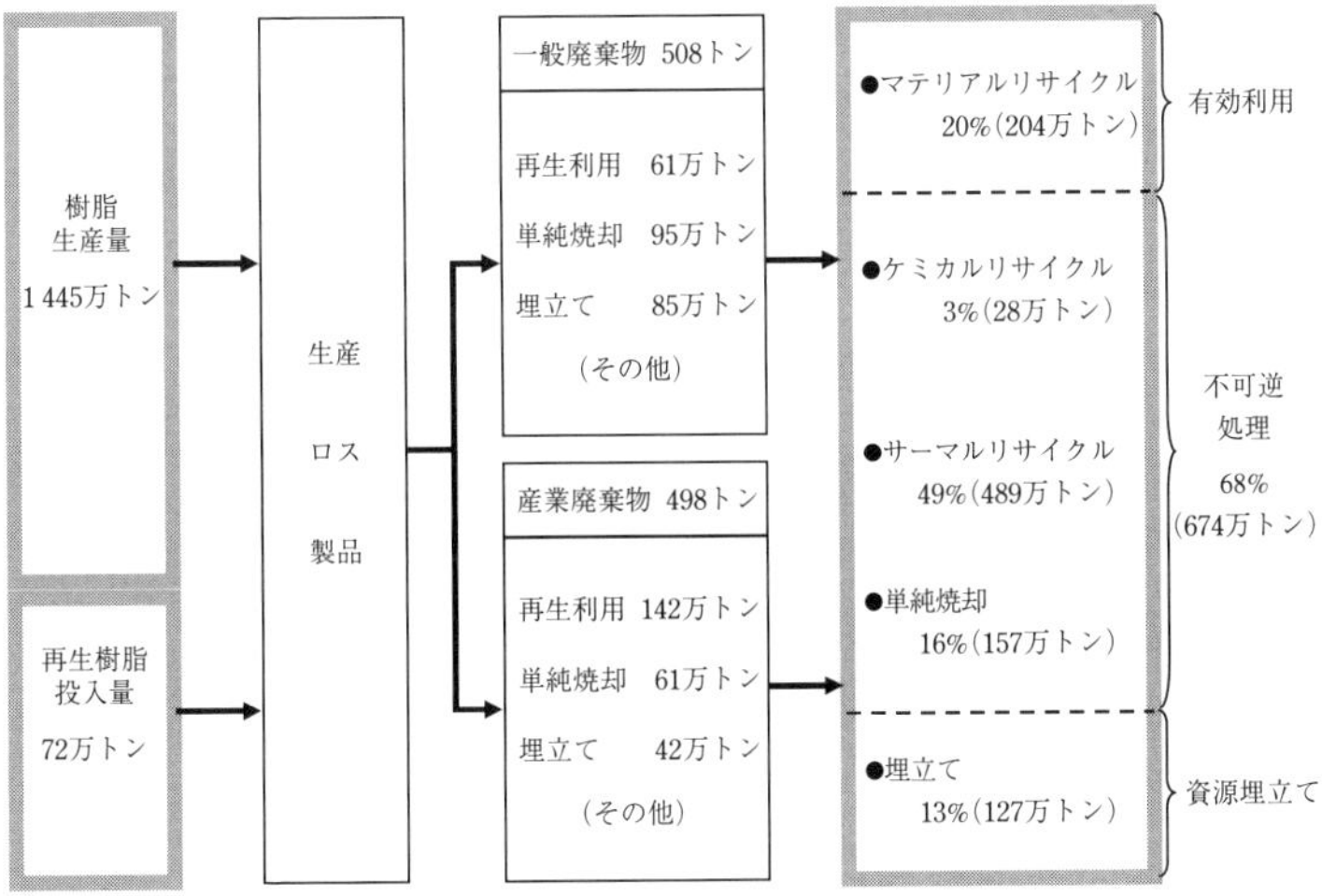

図4-2　日本のプラスチックフロー

現在、私たちが使用しているあらゆる電機・電子製品はこれら地下資源が地上で濃縮された都市鉱石であり、都市はその宝庫である。これらのことから、鉱山を「地下」に求めるのではなく、「地上」に求めざるを得なくなりつつある。都市に電機・電子製品が存在することを「都市鉱山」という時代になった。地下資源が都市に地上資源としてストックされていることから、希少金属とレアメタルの都市鉱石である電機・電子製品から、より積極的に回収・リサイクル・元素抽出を行う仕組みの確立が待たれる。

都市油田

「都市鉱山」以外に、規模は小さくても「都市油田」がないか、と考えてみた。現在、日本で製品をつくるのに使用されているプラスチックのマテリアルフローを図4-2[10]に示す。プラスチック樹脂の生産量は約一四四五万トン、これに加えて再生樹脂七二万トンが供給されている。これらのプラスチック生産に使われるナフサは、石油消費量二億キロリットル強のうち約一四%に相当しており、残り約八五%は自動車、工場、発電所、暖房に使われている。この約八五%の使用結果として二酸化炭素が発生している。

　一般廃棄物中には、プラスチックが五〇八万トン、産業廃棄物には四九八万トン、両者を合計すると一〇〇六万トンが含まれている。この内訳はマテリアルリサイクルが二〇%（二〇四万トン）、ケミカルリサイクルが三%、サーマルリサイクルが四九%、単純焼却が一六%（一五七万トン）、埋立てが一三%（一二七万トン）である。ケミカル、サーマル、焼却の合計六八%は不可逆処理であり、埋立ては低エントロピー資源を埋め立てていることになり、もったいない。

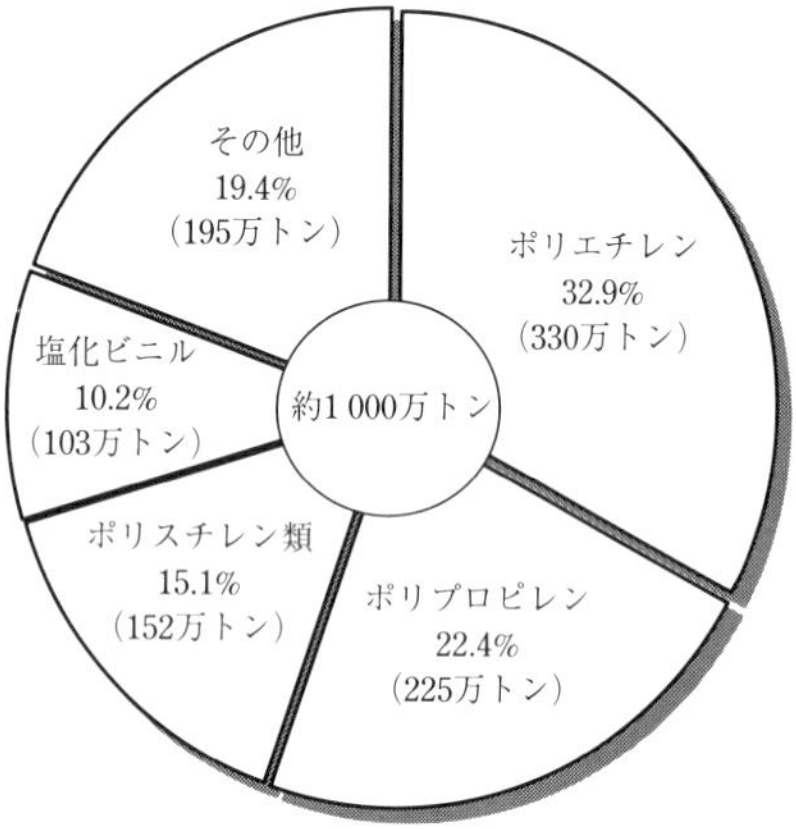

図4-3　廃プラスチックの内訳

　プラスチックの種類の内訳は、図4-3[11]に示すように、ポリエチレン、ポリプロピレン、ポリスチレンで約七〇%を占める。また、全量の約半分が容器包装に利用されている。二〇〇〇年に施行された「容器包装リサイクル法」対象のペットボトルは約二四万トン（二〇〇五年）[12]、プラスチック製容器包装は約五四万トン（二〇〇五年）がリサイクルされている。埋め立てられたプラスチックのかなりの量が容器包装類と推定されるが、可能ならできるだけマテリアルリサイクルにまわしたほうがよい。

家電リサイクルの対象は冷蔵庫、洗濯機、エアコン、テレビで、その合計は約四五万トンである。この四品目に使われているプラスチック比率は、エアコンが一七・五％、テレビが一六・二％、冷蔵庫が四三・三％、洗濯機が三四・七％である。おおむね全質量の四分の一に相当すると仮定すると約一一万トンとなる。しかし、家電リサイクル法の対象外としては、家庭で普通に使われている扇風機、掃除機、電子レンジ、ビデオデッキ、電子玩具などは一般廃棄物として自治体で回収され、破砕または埋立てられている場合が多い。

第1章の表1-1で示したように、石油の可採年数は約四〇年である。石油からつくるプラスチック類もていねいにリサイクルすれば、規模はきわめて小さいが小型の「都市油田」になる。新たな地下油田からプラスチックを生産するのではなく、都市の使用済みプラスチックから再生するのである。

4．地上資源のリサイクル

全体像をつかむ

地上資源のなかで、金属に着目した「地上資源リサイクル」の概念図を図4-4に示す。地下資源のなかの鉱石を製錬して金属が得られ、この金属を使って製品が製造される。製品は都市で使用され、使用済みの製品は回収され、分解・選別されて部品あるいは素材にブレークダウンされる。これらは金属の原料となり、再び金属としてリサイクルされる。この循環が、金属についての地上金属資源の

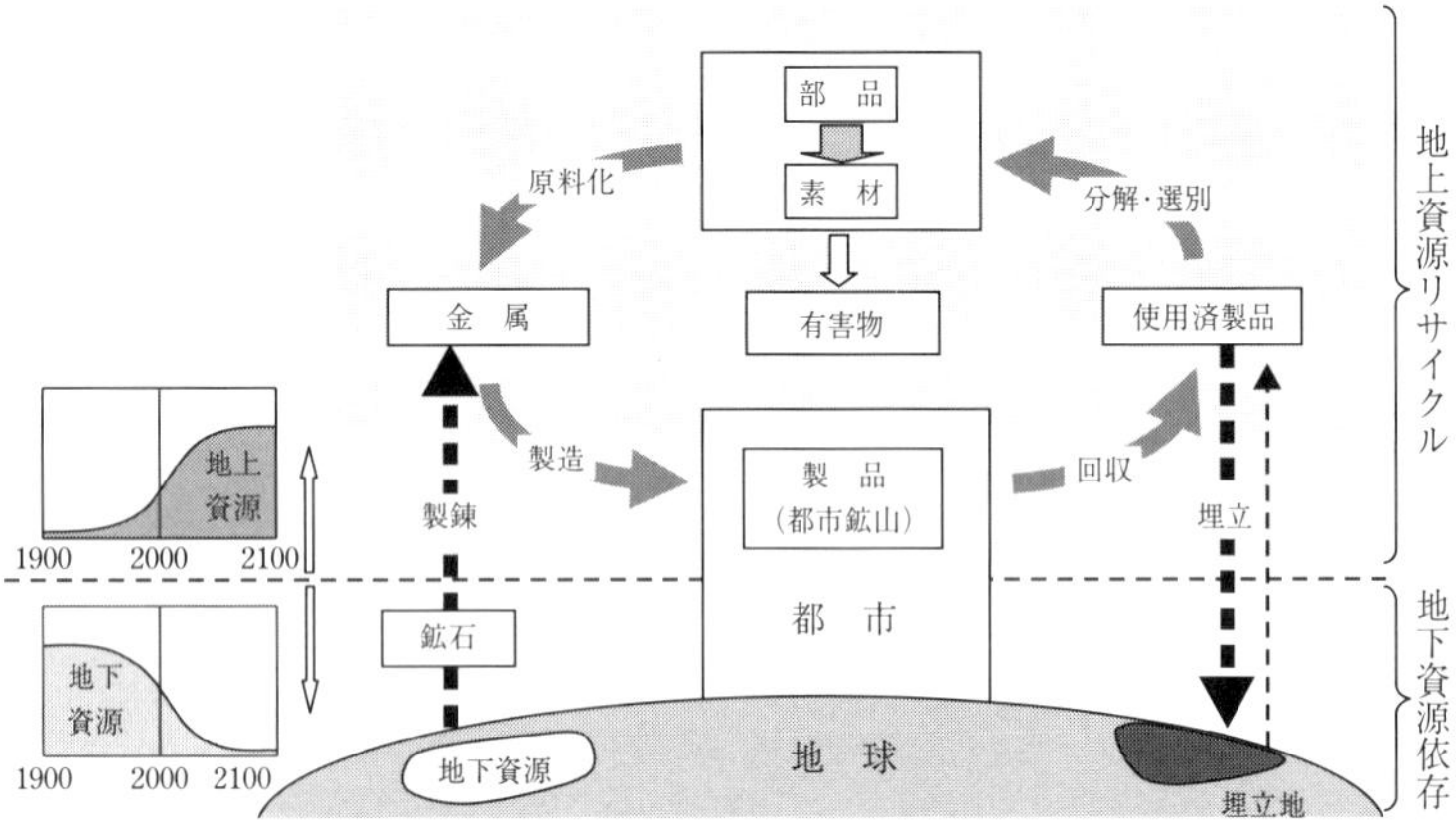

図 4-4　地上資源リサイクルの概念図

リサイクルである。

化石燃料である石油でも同様である。図4-4のなかで、「地下資源」を「油田」に、「鉱石」を「石油」に、「金属」を「プラスチック」にそれぞれ置き換えればよい。これら化石系循環資源と金属系循環資源からつくられるのが工業・電機・電子製品である。これらが都市に眠る「都市資源」である。

地下資源量は金属も化石燃料も二一世紀には急激に減少する。一方、地上資源量は金属を中心に、地上で蓄積あるいは循環して増加してゆく。埋立地は地上資源の吸収源になっているが、地下資源が枯渇してゆけば、将来には埋立地も鉱床の役割を果たすだろう。今は埋立地から資源を採掘することは試行的に実施される例はあるものの、現実的方策とは見なされていない。むしろ、掘り出した埋立物を選別・焼却して埋め戻すという、埋立地不足を緩和する面がある。埋立地は地表に存在するので、埋め立てたものを「地上資源候補」と見なそう。

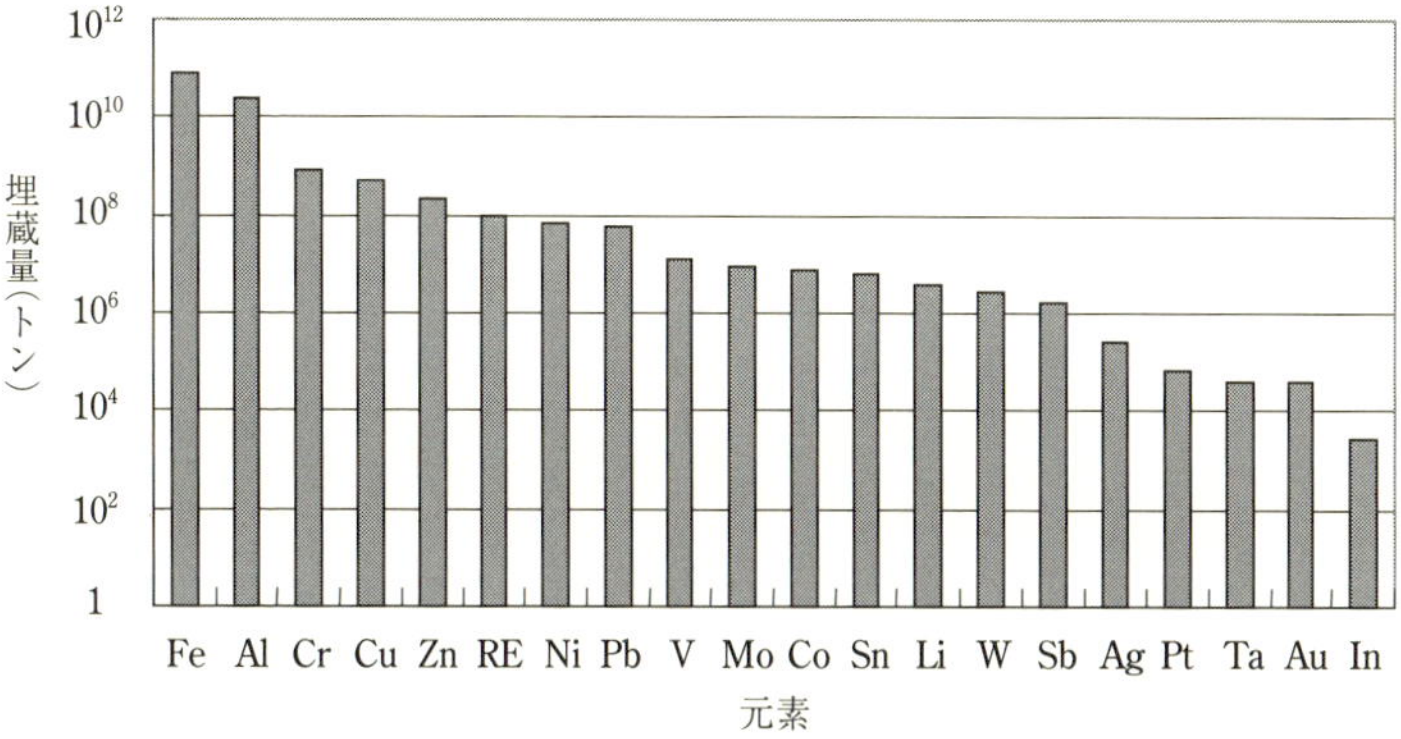

図4-5　世界の金属埋蔵量

そう遠くない将来、点線で示すように、埋立地から採取してこれを循環ルートに乗せる時代がくるかもしれない。過去の負債を地球経営の資産に変えるのである。

都市鉱山の埋蔵量と消費

（独）物質・材料研究機構の原田幸明氏は都市に眠る金属量を調べ、世界の鉱山の総埋蔵量などと比較した。図4-5に金属ごとの世界の埋蔵量を、図4-6に日本の都市鉱山埋蔵量を示す。図4-5と図4-6は縦軸が対数スケールであり、ベースメタル、希少金属、レアメタルでは量のスケールが違っている。図4-7は世界の埋蔵量に占める日本の都市鉱山埋蔵量の割合を%で示す。図4-7に示すように、インジウム（In）は世界の約六〇%（一七〇〇トン）、銀は約二二%（六万トン）、錫（Sb）は一九%、金（Au）は一六%などであった。驚くことに、金の都市鉱山埋蔵量は約六八〇〇トンであり、これは世界最大の埋蔵国である南アフリカの六〇〇〇トンを上まわる量であった。

これらの地上資源は、都市内に多量に存在しているハイ

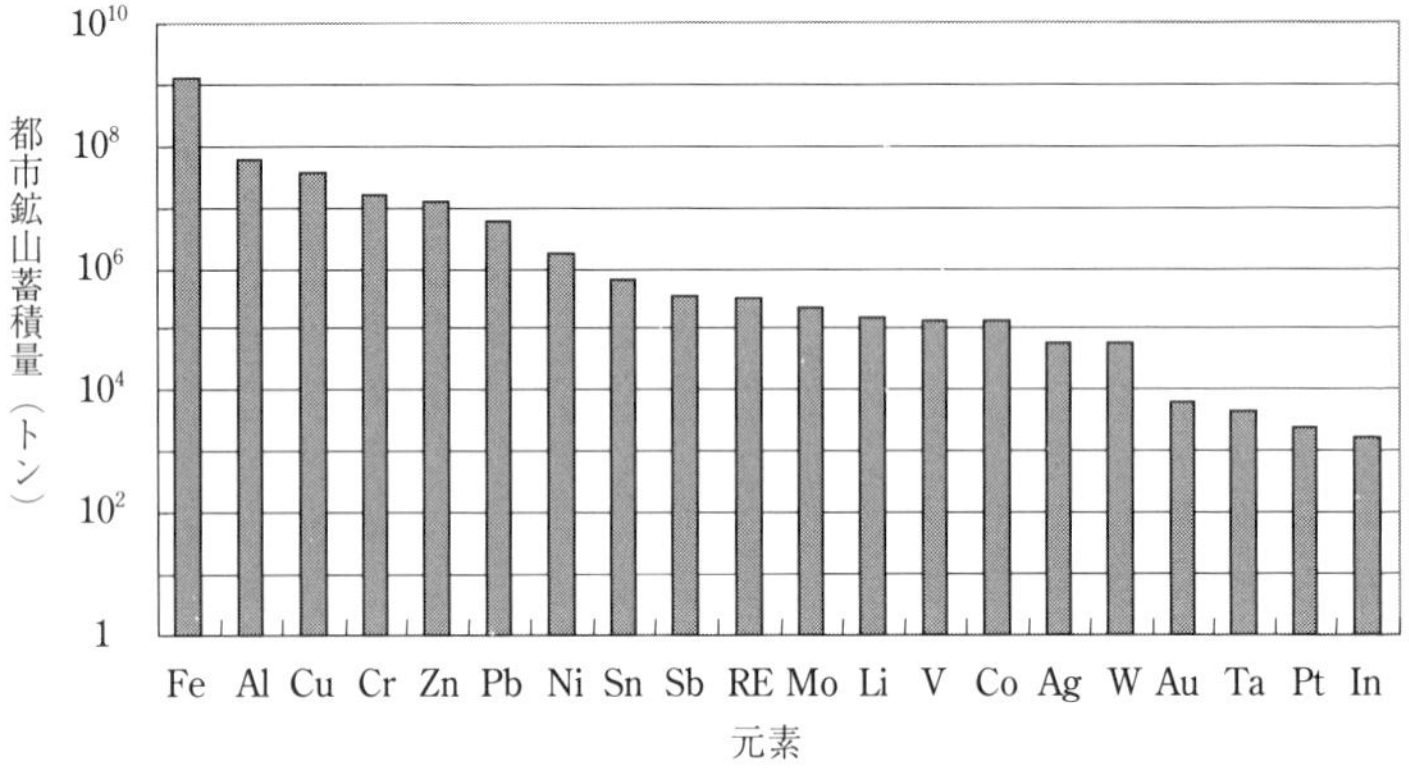

図 4-6　日本の都市鉱山埋蔵量
（図 4-5 とは元素の順番が異なる）

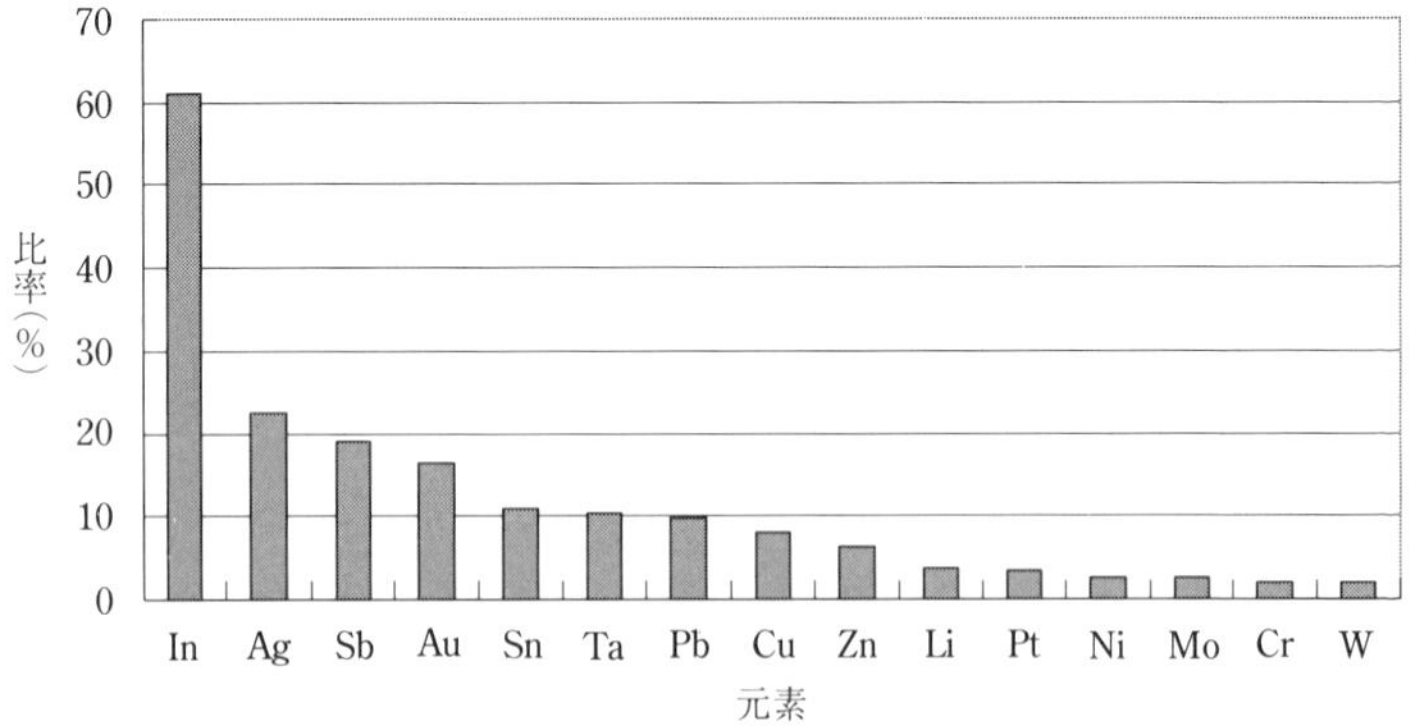

図 4-7　世界の都市鉱山に占める日本の都市鉱山埋蔵比

（図 4-5 ～図 4-7 は（独）物質・材料研究機構　原田幸明による）

表4-7　金属使用の有限性

2050年に現在の埋蔵量をほぼ使い切る元素	Fe、Mo、W、Co、Pt、Pd
2050年までに現在の埋蔵量の倍以上の使用量となる元素	Ni、Mn、Li、In、Ga
2050年までに埋蔵量ベースを越える元素	Cu、Pb、Zn、Au、Ag、Sn

((独)物質・材料研究機構　原田幸明による)

テク機器や電機・電子機器に含まれている。地上資源の埋蔵量は、とくに希少金属とレアメタルで顕著であり、日本は世界有数の希少金属とレアメタル鉱山であるといえよう。このように、すでに地下資源が地上に移行し、この「地上資源」をリサイクルすべき時代がすでに到来していることがわかる。

原田氏は、もし今のままで金属資源を使い続けるとどうなるかを試算した。資源の消費速度と埋蔵量を比較し要約したものを表4-7に示す。このように、鉄（Fe）、モリブデン（Mo）、タングステン（W）、コバルト（Co）、白金（Pt）、パラジウム（Pd）は、現在わかっている埋蔵量を二〇五〇年にほぼ使い切ってしまう。また、二〇五〇年までに現有埋蔵量の二倍以上使用する物質は、ニッケル（Ni）、マンガン（Mn）、リチウム（Li）、インジウム（In）、ガリウム（Ga）である。二〇五〇年までに発見・発掘される埋蔵量を加味してもその埋蔵量を超える物質が、銅（Cu）、鉛（Pb）、亜鉛（Zn）、金（Au）、銀（Ag）、ストロンチウム（Sr）である。このように、二〇五〇年までには、主要なベースメタルも希少金属類もレアメタルも地下からなくなり地上に移行する可能性がある。これを食い止めるには、地上資源のリサイクルが必要である。

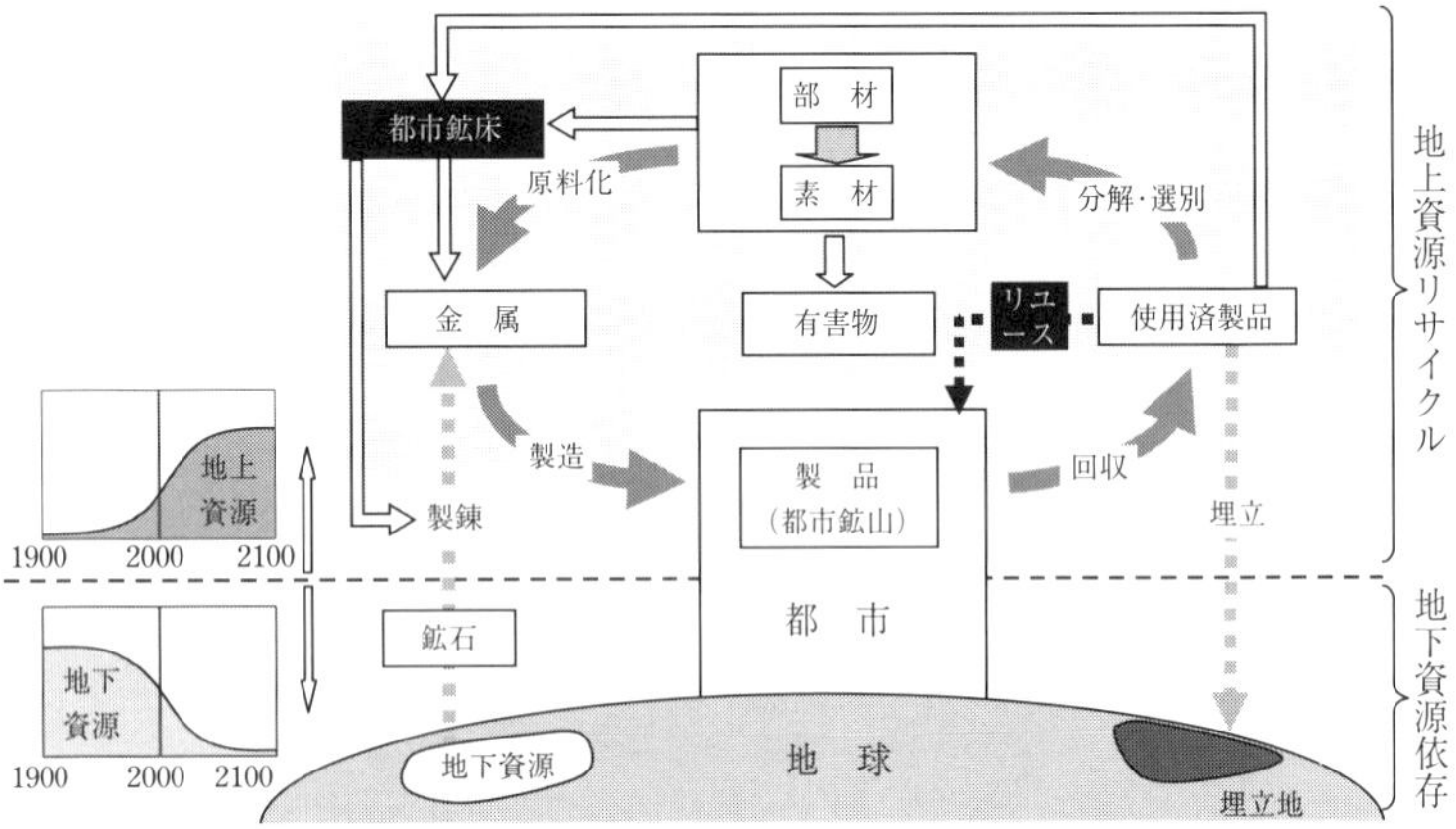

図4-8 都市鉱床とリユースの役割

人工鉱床とリユースの位置づけ

地上資源を循環利用する方法論として、東北大学の中村崇教授と白鳥寿一教授が提唱する「人工鉱床」という概念がある。現在の技術ではリサイクルできない製品でも、一定品位の有用金属を含む製品を一旦貯留しておき、製品から効率よく希少金属やレアメタルを回収する技術が開発・成熟するまで待つというものである。この考え方を、「地上資源リサイクル」の概念を表す図4-4をベースにして図4-8に示す。使用済み製品、分解した部品、素材を、人工鉱床として集積しておくものである。これは、地上資源を循環利用する有効な方法である。

また、リユースのフローを図4-8の中に示した。使用済み製品で使える製品を、必要に応じて修理し、もう一度都市で使うものである。3Rの考え方にもとづき、リユースはリサイクルより優先度が高く、推奨されるべきだと思う。二一世紀の電気製品は、イギリスの家具のように部品を補修しながら長く使うというコンセプトに変わるかもしれない。

5. 持続可能な社会への戦略

地上資源をリサイクルするという戦略を考えてみた。すぐにできる施策と社会合意が必要な施策、および戦略を描く際に必要な課題について述べたい。

機能利用社会

リユースを加速する方法として、リース社会になるという選択肢がある。製品をリースして機能を貸し出すという考えである。現在、製品の所有権は購入者にある。したがって、使用後に廃棄物として処分する際には、廃棄物処理法の適用を受け、運搬と処理が一挙に複雑化する。廃棄物処理法はまだ二〇世紀の状況を前提としており、二一世紀の資源制約・資源循環時代に対応できていない。そこで、この法律を変えてゆくという選択肢があり、政府はその方向性について模索している。

しかし、機能を貸し出す風土が社会に根づけば、製品の所有権は企業にあるから、企業が責任をもって処理・処分・リサイクルすることになる。リース会社が製造業と一体となって、2R（リユース、リサイクル）を実践するという構図である。持続可能な制度設計を法律を通して進化させてゆく方法と、リユースを受け入れられる社会風土づくりがあり、この両輪がまわれば効果は大きい。

一般廃棄物のリサイクル

これまで述べてきたように、地下資源は有限で枯渇しやすく、人類が継続的に生きてゆくためには地下資源に依存し続けることは物理的に不可能である。地球が持続可能であるためには、地下資源に依存しない仕組みが必要である。これを実現する方法の一つが、先に述べた地上資源のリサイクルである。とくに、金属資源は地下から地上に出てきたものであるから、地上資源をそのまま地上でリサイクルする以外に持続可能な道はない。

二〇世紀には、「使われなくなったもの」＝「廃棄物」であり、金属もプラスチックも含まれた貴重な資源であっても、破砕されて埋め立てられていた。現在も、多くの自治体で多種多様な電機・電子機器が家庭から一般廃棄物として回収され、従来の方法を踏襲して破砕、埋め立てられているのが実状である。このスタイルは、

（1）　廃棄物が含む有価な資源を同時に埋めている

（2）　埋立地という地上の空間資源を消費している

（3）　製品に含まれる微量の有害物を埋めている

という三重の意味で持続可能でない。これらの問題を解決することはすぐにできると著者は考える。具体的には家電リサイクル法で証明された、金属とプラスチックについてのリサイクルを、社会の合意形成を得ながら大型家電以外にも普及させてゆくことである。家電リサイクルで経験したゼロエミッションや資源創出力を、他の電機・電子機器についても物理的に敷衍することは実行可能だと思う。

分散地上資源の回収

地下に眠る鉱石を採掘・選別し、多量のエネルギーを投入して製錬すれば、目的の金属が得られる。地下資源の鉱石は純粋な元素を含有する場合と、酸化物や硫化物から目的元素を物理的、化学的に抽出する場合があり、製錬過程で副産物として希少金属類を回収している。一方、地上資源は都市内に分散して使用されている電機・電子機器のなかに、高純度で微量存在している。

したがって、これらの機器を選択的に回収し、目的とする元素を含有するパーツのみを分解・回収することが第一の操作になる。一旦、これを完了すれば、従来の製錬法で金属類を回収することが可能となるし、単一成分の純度が高い低エントロピー資源であるので製錬も効率的に行える。したがって、都市内に空間的に分散する「都市鉱石」をまず集める方法が必要になる。そのうえでベースメタル、希少金属、レアメタルを含有するパーツを選別・回収する操作を経、それらから目的とする物質を濃縮することになるだろう。その方式は、これまでのエネルギー多消費型の巨大製錬工場ではなく、分散型オンサイトの製錬装置が次世代の製錬法になるかもしれない。物質の輸送を極力抑えて、省エネ型で資源を分散・再生する産業である。

地球マテリアルダイナミクス

図4‐5に示した資源量が地球経営のための金属資産である。ベースメタル、レアメタル、希少金属を地下あるいは地上から、いかに調達し、いかに製造し、いかに循環するか、そのためには、地球のマテリアルのストックとフローを力学モデルで定量的に捉えておくことが重要だ。図2‐1右側の

保存的利用（ストック）と散逸的利用（フロー）の定量化である。

第3章でとりあげた『成長の限界・人類の選択』の図3-7、3-8もその一例である。資源という地球の資産管理も含めてシミュレートしているが、レアメタルや希少金属なども加味した、地球マテリアルのダイナミックモデルを構築することを提言したい。地球の資産管理、国家の資産管理を時間軸のなかで行うのに役立つものと思う。政治的・感覚的な判断ではなく、時間軸と定量性をもたせた予測技術が国家戦略に必要なのである。

第5章

地上資源リサイクルを実践する家電とパソコン

地上資源リサイクルが実現できるかどうか答えを出すのが本章の目的である。埋立て中心の処理に代わり、家庭電器廃棄物から貴重な「資源をつくり出す」ことが家電リサイクル法や資源有効利用促進法などにより実践されていることを具体的に述べよう。家電リサイクルは広く知られるようになったが、実態まではよく理解されていない。高付加価値の資源を生み出すために各種の技術開発が進んでいること、パソコンのリサイクルでは希少金属を回収する手段にもなっていることを紹介する。

表 5-1 家電リサイクルの再商品化率（%）の推移

品目	法規制	2001 年	2006 年	5 年改善	法比較
	①	②	③	③－②	③－①
テレビ	55	73.5	77.2	3.7	22.2
冷蔵庫	50	59.7	71.4	11.7	21.4
洗濯機	50	57	78.8	21.8	28.8
エアコン	60	77.6	85.6	8	25.6

1. 家電リサイクル法の施行状況

二〇〇一年四月、特定家庭用機器再商品化法（通称「家電リサイクル法」）が施行された。この法律の対象品目は冷蔵庫、洗濯機、テレビ、エアコンであり、おもに家庭で使われた廃棄物（一般廃棄物）である。従来は行政が処理していたが、これに対して製造者にリサイクル義務を負わせ、料金を消費者に求めた。二〇〇六年の実績は再商品化処理量が年間約一一五八万台、重量が約四五万トンである。再商品化率は約七七%に達した。再商品化とは有価で売却された割合を示す。約三五万トンの有価物を生み出し、有害物である冷媒フロンと断熱材フロンを合わせて二〇四一トン回収した。[13] 二〇〇六年三月末、全国で三八〇か所の指定引取場所、四七か所の再商品化施設（リサイクル工場）、それぞれを結ぶ物流ネットワークが稼動している。

二〇〇一年当時と比較したものが表5−1である。この五年間で、冷蔵庫と洗濯機の再商品化率が大きく改善されただけでなく、法規制をいずれも二〇%以上上まわったことに注目してほしい。

使用済み家電のリサイクルは、今となっては当たり前のことであるが、一〇年前には家電製品は一般廃棄物として行政が処理していた。家電のリサイクルは、当時の埋立て中心の処分と比較して大きな進歩であり、かつ、排出者、小売店、製造者にそれぞれの義務を負わせ、製造者は自社製品廃棄物を文字どおり自分たちの責任でリサイクルするという仕組みである。これが円滑に動いていることが高く評価されている。

2．家電リサイクルプロセス

家電リサイクル工場の例として、著者がかかわる東京エコリサイクル(株)を紹介する。特定工場を紹介するのは気がひけるのだが、一般的なプロセスの概要を説明するだけでは現実の姿を理解してもらうのはむずかしいことから、あえて身近にある例をあげ、細部にわたる具体的な実態を紹介することにした。

プロセスのフロー[14]

リサイクルプロセスの全体像は、図５－１に示すように大きく三段階に分けられる。

処理する家電をまずバーコードで単品確認し、重量を計測する。バーコードは家電リサイクル券センターに電子的に問い合わせて、メーカー名、品目名を確認する。これは、メーカーごとの品目、重量を把握するためである。次に、家電の製造工程と逆のプロセスで作業者が手で分解する。

工場内の一部を図５－２、５－３に、工程全体のフローを図５－４に示す。工場は、①人による手分

図5-1　リサイクルプロセスの概要

図5-2　工場内のようす

図5-3　洗濯機の分解

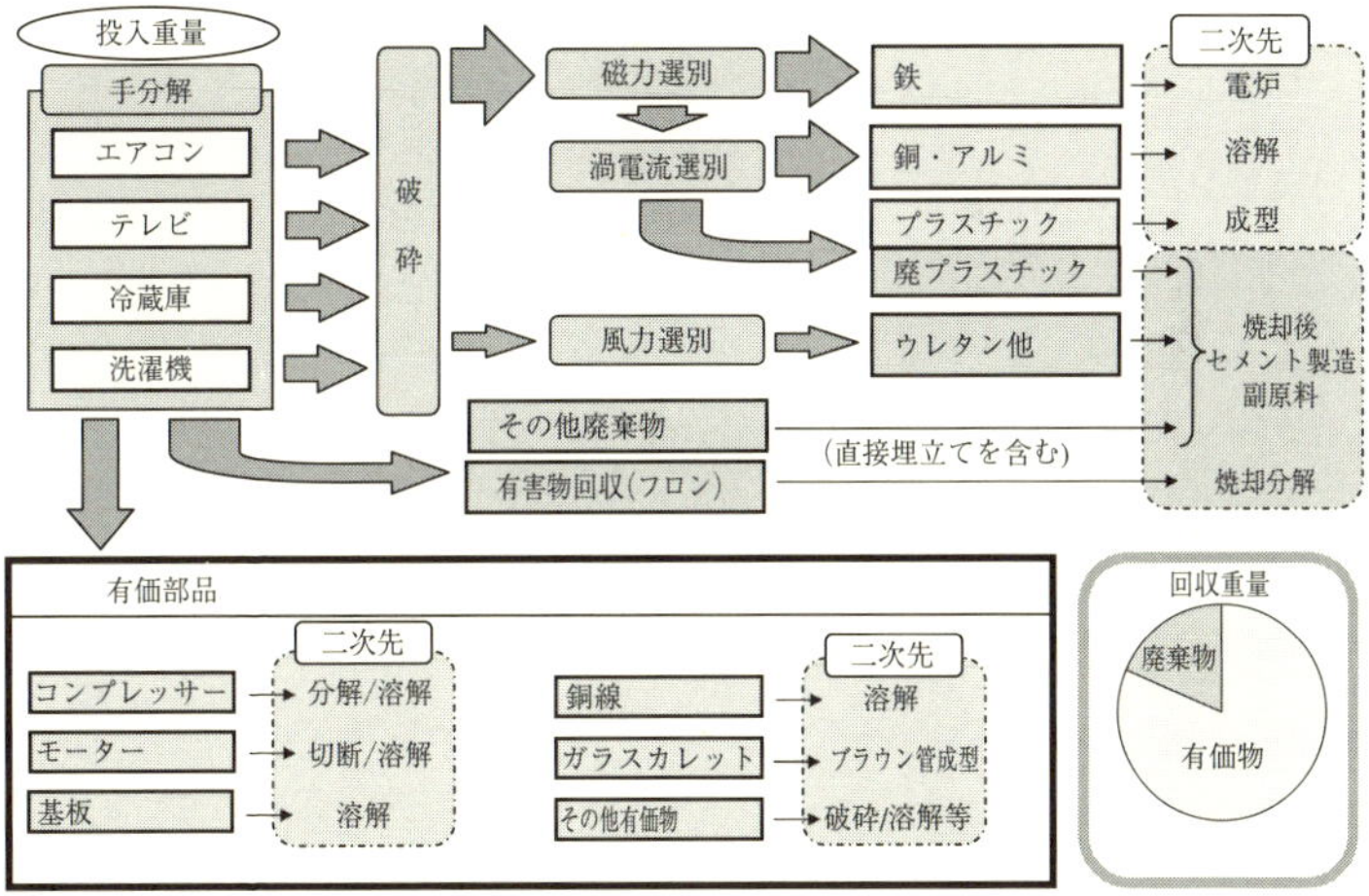

図5-4　リサイクルフロー

解作業と②機械による自動選別システムとからなり、両者を調和させている。図5−2、5−3に示したように、①の手分解作業が主役である。手作業により有価物としての部品類を回収しながら、有害物も同時に回収してゆく。人でしか行えないことを人が実施し、大量処理と自動選別を②が受け持つ。以下、これらの内容をそれぞれ紹介していく。

フロンの回収と手分解による有価物の回収

手分解作業の指針は次のとおりである。

（1）フロンなどの有害物を回収する。

（2）モーターやコンプレッサーなどの有価部品類を回収する。

（3）単一素材ごとにプラスチック部品を回収する。

（4）回収資源をさらに加工して付加価値を上げる。

（5）フロン以外も鉛化合物などの有害物も回収する。

冷蔵庫とエアコンについては、冷媒フロンを回収する。冷媒フロンは人体には無害であるが、地球のオゾン層破壊物質であり、コンプレッサー配管等から吸引する。冷蔵庫やエアコンに表示してあるフロン種を確認し、これを異なるボンベに回収する。コンプレッサーの配管から回収する際に、潤滑油も同時に吸引されるため、油とフロンを分離できる専用のフロン回収装置を用いる。ボンベに回収したフロン類は出荷まで漏洩のないように保管する。作業者には、フロンを確実に回収するようにフロン回収教育を実施している。

・セル方式中心：１台１台責任をもって人手で分解

・解体レベル：経済性を損なわない範囲で極力手解体

品目	分解工数	回収物例
冷蔵庫	12	冷媒フロン・断熱材フロン・コンプレッサーなど
洗濯機	15	洗濯槽・モーターなど
エアコン	14	冷媒フロン・熱交換器・コンプレッサーなど
テレビ	17	電子回路基板・ブラウン管・電子銃など

＊テレビはPCB含有コンデンサーの有無をチェックし保管──→メーカー引取り

図５-５　手分解による徹底回収

手分解過程では、モーター、コンプレッサー、熱交換器、トランス、電子回路基板などの有価部品類をていねいにすばやく分離してゆく。メーカー、製造年代、型式、ねじの場所、数等が異なり、いずれも熟練を要する作業である。分解する工数は図５-５に示すように全体で約六〇である。回収した破砕物と回収部品の例を図５-６に示す。手分解で有価の部品類を取り除くと、残りはおもに筐体になる。

機械自動選別プロセス

筐体はおもに鉄、銅、アルミニウム、各種材質プラスチックの複合物であり、素材ごとに分けることはできない。そこで、冷蔵庫、洗濯機、エアコンの各筐体を破砕機で細かく破砕する。破砕物は、金属類とプラスチック類の混合物である。その生成量で最大を占めるのが冷蔵庫断熱材のポリウレタンである。冷蔵庫の筐体を破砕すると、断熱材のポリウレタン樹脂（従来はフロンCFC-11、HCFC-141b

破砕物　部品類

図5-6　徹底回収された再生資源例

で発泡、現在はシクロペンタン（C_5H_{10}）で発泡）を約五〇ミリメートル以下に破砕する。破砕機の直後でポリウレタン塊を風力選別で回収する。残りは金属類とプラスチック等の混合物である。そこで、磁力による鉄回収装置を二段設置して鉄を回収し、破砕片を大小二種類に分けて、種類ごとに渦電流で効率よく非鉄（銅とアルミニウム）を回収する。最終的に各種プラスチックの混合物が生成する。これを「ミックスプラスチック」と呼び、大型片は再度、破砕機に循環するなど、きめ細かなプロセスになっている。

冷蔵庫の断熱材フロンの回収

冷媒フロンの回収は、家電リサイクル法制定当初から義務づけられていた。一方、一般には広く知られていないが、冷蔵庫の外箱を構成する断熱材にはフロンが使われている。その量は冷媒フロンの三〜四倍にもなるので、この回収が重要である。

冷蔵庫はまず冷媒フロンを回収するが、筐体は破砕機に投入する。破砕機では、冷蔵庫を破砕する際に断熱材の破砕断面からフロンが放散する。破砕で放散した低濃度のフロンを回収するために、破砕機を密閉式にして内部のガスを吸引する。他方、風力選別した約五〇ミリメートル以下のポリウレタン樹脂塊の内部にはフロンがまだ残留している。ポリウレタン樹脂内部は直径〇・三ミリ程度のセル構造になっているので、微粉砕機でポリウレタン樹脂塊をさらに〇・三ミリ程度まで細かくすり潰し、内包するフロンを放散させる。この放散ガスと、破砕機内から吸引したガスに含まれる低濃度フロンを、活性炭吸着装置で回収する。吸着後は、活性炭を加熱してフロンを脱着し、専用の容器に保管する。

テレビの分解プロセス

テレビは筐体の取り外しと回収から始まって、構成部品を一つ一つ分離してゆく。筐体は専用の破

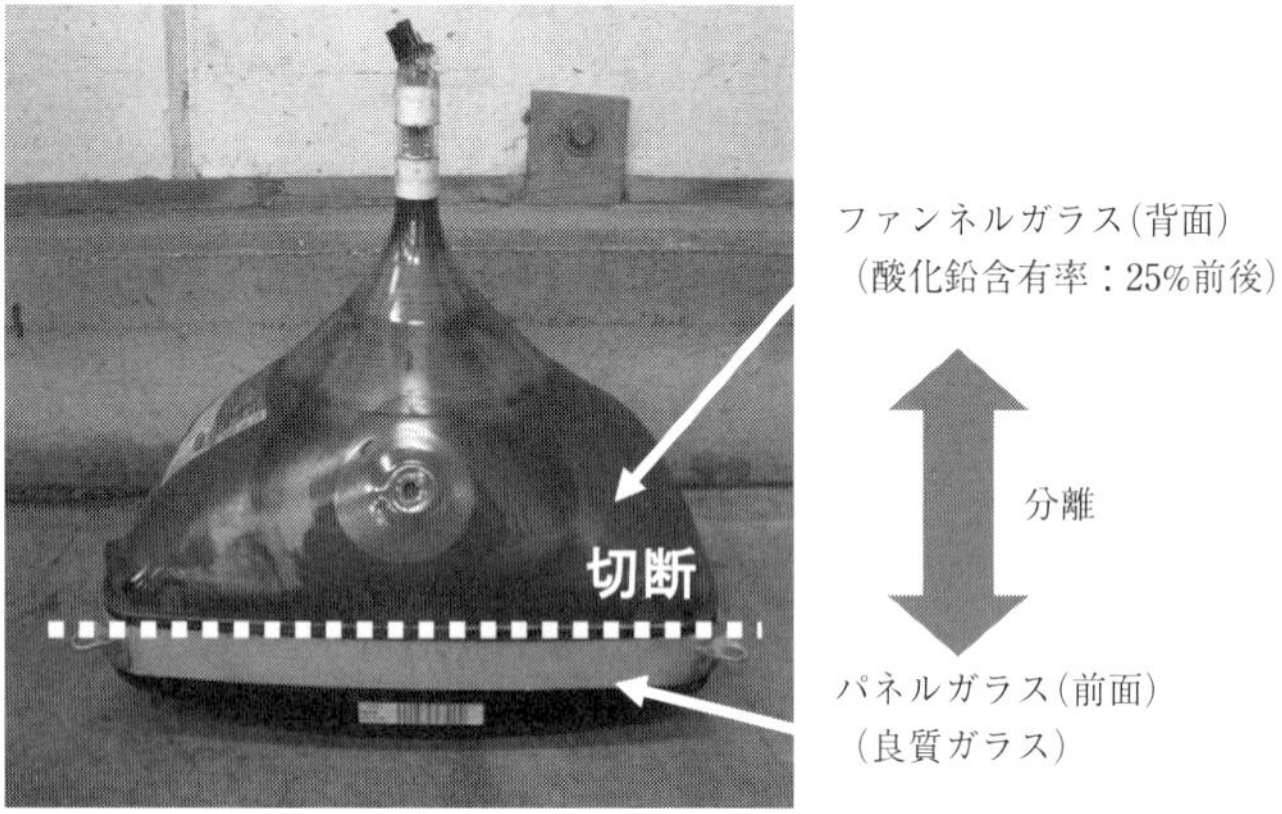

図5-7　ブラウン管の構造

砕機により破砕し、破片に残るねじ類を磁力選別機で回収する。電子銃、偏向ヨークと呼ばれる部品を取り外し、鉛はんだが使われている電子回路基板などを回収する。最終的にブラウン管が残る。ブラウン管は図5-7に示すように、パネルと呼ぶ前面ガラスと、ファンネルと呼ぶ背面ガラスが密着した構造をもつ。ファンネルには酸化鉛が二〇～二五％程度含まれ、有害物である。そこで、パネルとファンネルを分割する。精製すれば、両ガラスともにブラウン管を製造する原料になるからである。

ところが近年、液晶テレビやプラズマディスプレイテレビが普及するのにともなって、製造拠点が海外に移行している。このため、精製（カレット化）したガラスを、ブラウン管製造用ガラスとして海外に輸出するようになってきた。バーゼル条約の管理下で、ガラス資源の国際循環が始まっている。液晶テレビなどの普及によりブラウン管製造がなくなるのではと心配する人がいる。これは長期的には事実であるが、世界中で約一億台のブラウン管型テレビが当面、製造される見込みである。

3. 家電リサイクルの高度化の取組み

ここでは、著者らが開発した技術、実行した施策などを紹介する。資源創出という面で、驚くべき進化を遂げつつあるからである。

プラスチックのマテリアルリサイクル

二〇〇一年の法施行時には、プラスチック類の事前回収は一般的には行われていなかった。しかし、(1)家電品を構成する各種のプラスチックは品質が一定した貴重な資源であること、(2)焼却埋立てよりマテリアルとしての利用のほうが環境にやさしいこと、(3)石油価格が上昇したことなどから、プラスチックを手分解により選別回収する動きが加速してきた。

東京エコリサイクル(株)では、たとえば冷蔵庫では野菜箱、棚類、ドアパッキンを二〇〇一年創業当初から個別に選別回収してきた。二〇〇二年にはプラスチック専用の粉砕機を導入し、回収した素材ごとに粉砕して微粒化し、同時に粉塵も除去して図5-8に示すような均質なプラスチックを生産してきた。これは家電品にかぎらず各種のプラスチック製品を製造する原料として売却できる。この技術開発と用途開拓については、旧通商産業省ならびに(独)新エネルギー・産業技術総合開発機構の支援を得た[15]。日本の底力はこのような施策による。

図5-8　生産された均質プラスチック例

ゼロエミッション

ミックスプラスチックは製品重量の約二〇%を占める。もし単純焼却方式で燃焼させていれば、燃え殻が発生してしまい、この焼却灰を埋め立てなければならない。そこで東京エコリサイクルでは、当初これを焼却後、燃え殻をセメント製造時の副原料にすることで、直接の埋立て量を減らしてきた。セメント製造には鉄やアルミニウムなどの元素が微量必要である。そこに着目して、家電ミックスプラスチックに微量含まれる鉄とアルミニウムをセメント製造に利用した。セメント工場では、セメントキルンと呼ばれる焼成炉を高温に保つために燃料を必要としている。そこで、ミックスプラスチックの組成分析を行い、金属の含有量を把握したうえで、主原料の一%以下で供給している。それにより入荷重量の約〇・一%しか最終的に埋め立てないというゼロエミッションを二〇〇二年度に達成した。二〇〇三年度以降は、次に述べるマテリアルリサイクル方式にシフトしながらゼロエミッションを継続させている。

ミックスプラスチックの品質向上

セメント副原料化方式は、プラスチックを燃焼させる点で不十分であった。燃焼は不可逆操作であり、二酸化炭素を排出するからである。このことは、プラスチックを燃料にして熱利用・発電をさせる場合も同様に改善の余地がある。資源は、エントロピーが小さいまま利用すると地球にやさしい。そこで、ミックスプラスチックをマテリアルリサイクルする方式に転換してきた。

破砕したミックスプラスチックの主成分は複数種の材質のプラスチックからなるが、ポリウレタンや銅線を含んでいた。そこで、これらを二段階で別々に効率よく除去する、二段風選方式という新しいシステムを独自に開発し、導入した。そのうえで、異物除去後のミックスプラスチックに残存するわずかな銅線や中型のポリウレタン塊を、さらに人手により回収するようにした。これにより再利用可能なプラスチック原料を生産することができるようになった。

このミックスプラスチックはアジア圏に輸出し、さらに、人による選別と簡易選別装置（比重差、風力選別）の利用で同質プラスチックのみに選別し、再生プラスチックとして利用されている。生産されたプラスチックの例を図5-9に示す。もし、再生プラスチックを使わないとすると、石油から生産することになる。石油は再生不能資源であるから、石油からの生産はサステナブルではない。

経済発展しようとする国々が、資源を安価に獲得して利用しようとするのは、一種の権利ともいえ

図5-9 中国でマテリアルリサイクルされるプラスチック

る。油田はかぎられており、経済的合理性をもつこのようなマテリアルリサイクルは推奨されてよいものだ。プラスチック資源の国際循環は、輸出国と輸入国、両国の経済発展と環境負荷低減に役立つだろう。

モーターのリサイクル

家電リサイクル工場では、破砕した鉄、非鉄類は国内の電炉の原料等として売却される。同時に、手分解ではモーターや熱交換器などを回収している。これは「部品」までの分解である。これらの部品をさらに銅やアルミニウムなどの「素材」近くまで分解できれば、すぐに国内で利用できる。しかし、この分解は人手で行うしか方法がなく、これを高賃金の日本で行うことは今は経済的に成り立たない。「今は」と断るのは、資源価格がさらに高騰すれば成り立

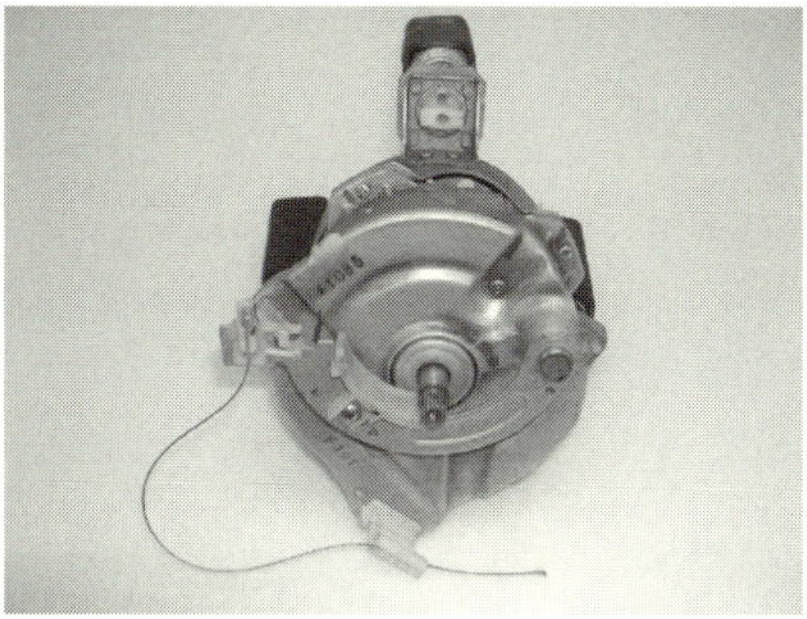

洗濯機モーター(日本)

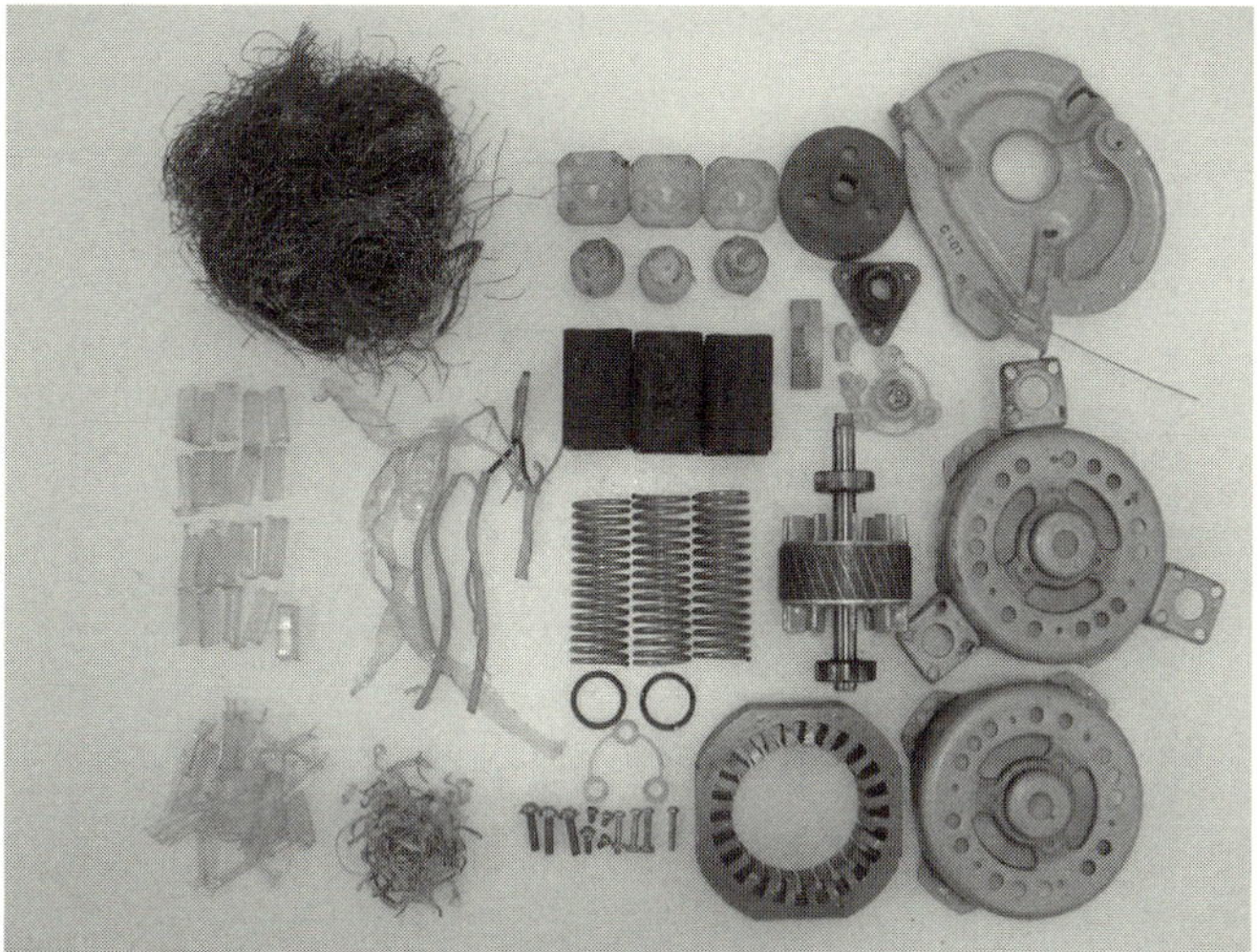

分解物

図5-10　モーターの手分解

独立専用工場

手作業と機械の融合

図5-11　中国でのリサイクル例

つと考えるからである。

破砕鉄類や非鉄含有部品類は、国内だけでなくアジア圏に輸出されることもある。図5－10は洗濯機モーターの海外での精密分解の例である。「素材」まで分解することにより廃棄物はほとんど発生しない。これは、文字どおり「分ければ資源」を実行していることになる。細かく分解して得られた資源の価値が、分解コストを上まわるからである。国内で破砕すれば、破砕片の一部や混合残渣が廃棄物になるが、海外ではすべてが資源として再利用される。このような手分解方法は、（1）再生不能資源の節約、（2）経済発展の底支え、（3）雇用の創出につながる。東京エコリサイクルのパートナー企業では、図5－11に示すように独立した建屋で、安全管理も日本並みにしている。また、経済産業省の支援を得て日本で実習も実施した。さらに、委託先企業を立入り検査し、作業環境、安全管理、汚染防止、健康管理について指導している（後述）。

銅線分離装置

家電品には必ず電源コードやアース線がついている。入荷する家電の多数のコード類は、従来、切断してそのまま銅含有物として売却していた。売却先では銅線と被覆部に選別するが、これをさらに高精度・高効率・安価に行うための独自の装置を開発し実用している。装置概観を図5－12に示す。装置の製造コストは従来の半分、スペースは二メートル四方、分離効率は銅純度九九・九％である。生産した銅は図5－13に示すように、純銅に近い高品質である。

この結果、銅線の売却益が増加する見込みである。ありふれた電源コードが高付加価値の資源に生

銅回収装置

投入するコード線

分離した銅線

図5-12　銅線分離装置（銅純度≒99.9%）

鉄

アルミニウム

銅

銅（コード類から回収）

図5-13　生産している金属類

まれ変わるのである。図5―13には銅線以外の金属出荷物の例も併せて示す。このように、家電は姿を変えて資源となって戻っているのである。

コンプレッサー分割装置

エアコンや冷蔵庫にはフロンなどの冷媒を圧縮させるためのコンプレッサーがついている。コンプレッサーは圧力を保持するため、強固な茶筒型のケースに圧縮モーターが内蔵された構造である。家電リサイクル法が施行される以前は、ほとんどの場合、冷蔵庫やエアコンは粗大ごみ用の破砕機で破砕されていた。したがって、内部に残留するフロンが放散していたばかりでなく、破砕物は鉄、アルミニウム、銅、プラスチック類からなるシュレッダーダストになっていた。

現在は、コンプレッサーはケースをプラズマ溶断して内部のモーターを取り出す方式が多い。この場合、残留する潤滑油に引火することがあるという不具合があった。またこの方式では、冷蔵庫用のレシプロ型コンプレッサーとエアコン用のロータリー型コンプレッサーを同じ装置で切断できないという弱点もあった。

そこで、複数の回転刃を用いて半自動で切断する装置を開発した。装置概観と切断状況を図5―14に示す。一台当り四〇～八〇秒で切断可能で、これは従来型より早く、しかも安全である。レシプロ型とロータリー型にも一台の装置で対応できるので、導入する際の経済性が高い。この結果、鉄製のケースと内部の銅線含有モーターを別々に売却できるようになった。

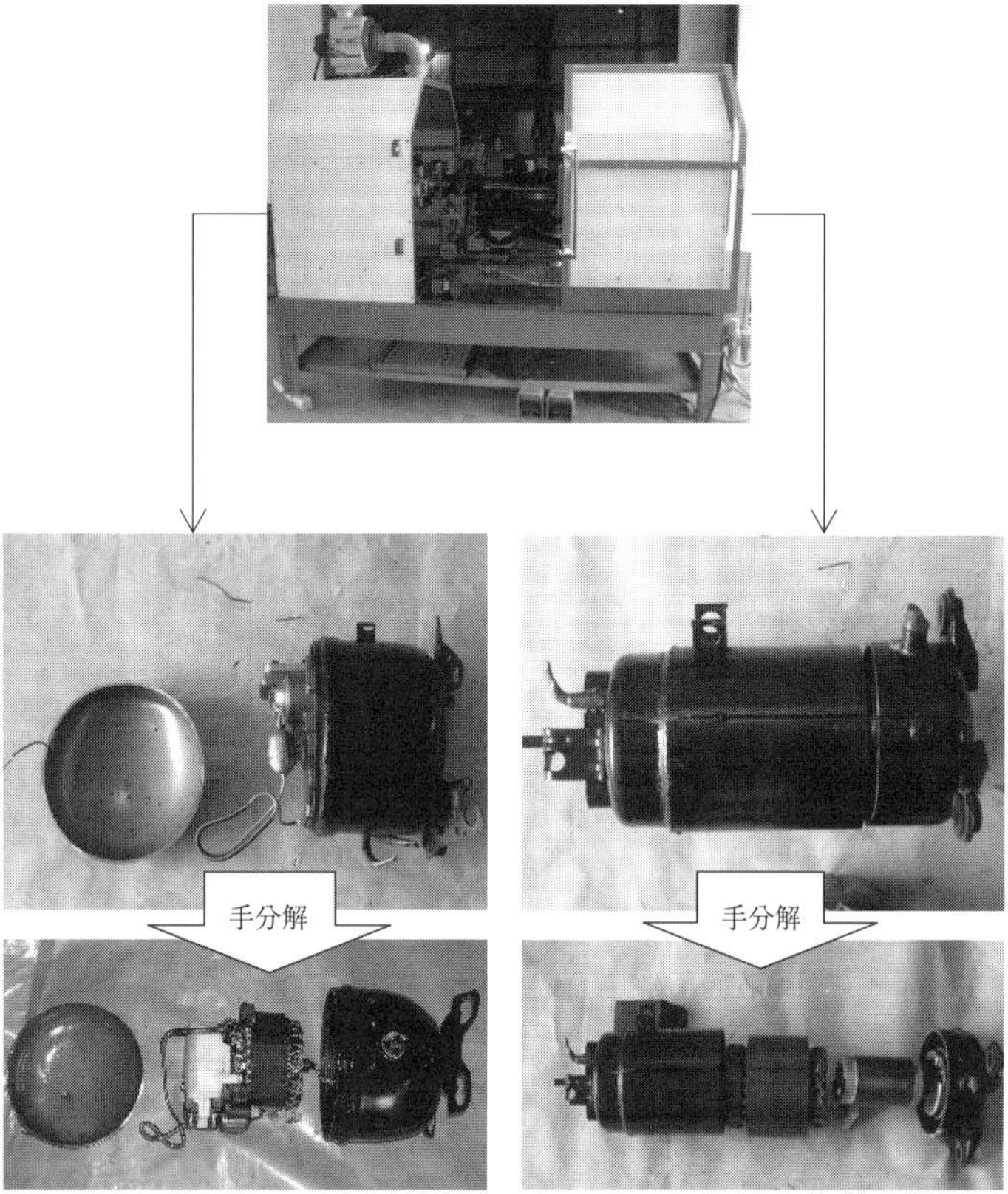

図5-14　コンプレッサー分割装置

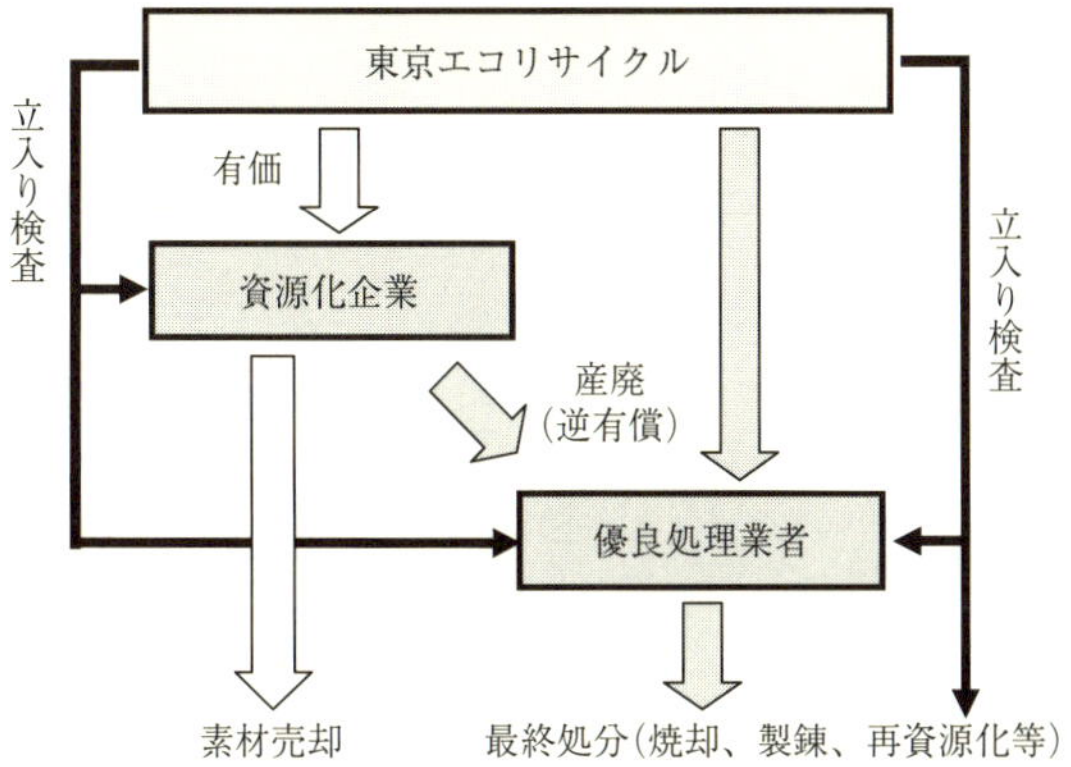

図５-15　コンプライアンス管理スキーム

コンプライアンス管理

廃棄物の処分委託先で処理が適正に行われているかどうか、マニフェストで追跡・管理することが法的に義務づけられている。しかし、有価物でも、その分離プロセスで廃棄物の発生をともなう場合がある。そこで、東京エコリサイクルでは図５-15に示すコンプライアンス管理スキームを運用している。

図に示すように、東京エコリサイクルから部品類、プラスチック、金属類などの資源を売却する企業に対しては、国内外を問わず立入り検査を実施し、専任チームがリサイクル現場を定期的に査察・指導している。特に、海外委託の場合が重要である。たとえば中国の場合、後述するように作業環境が十分でない場合があり、そこで作業方法、作業環境、作業者の健康管理について指導している。

静脈の国際分業

動脈である製造業の国際分業が進んで久しい。人件費の安価な国で製造や組立てなどを行う企業が増えた結果、相手国は雇用の創出と企業収入により、経済をめざましく発展させている。静脈の国際分業では、輸出入されるものが、かつての廃棄物に近かったものが多いことが問題である。有価物に微量の有害物が混入する懸念があるからである。これは管理の問題であって、内容のチェック規制を強化する対策がある。さらに、対象物を安全に処理することが重要である。これを前提とすることが静脈の国際分業の必要条件である。

4. パソコンのリサイクル

これまで家電製品のリサイクルについて述べてきた。最後にパソコンのリサイクルについて紹介する。レアメタルと有害物を同時に含む製品であり、かつ、機密情報も含まれることから、先端的なリサイクル事例といえるだろう。

リサイクルフロー

パソコンおよびその周辺機器は、二〇〇〇年ではリース・レンタル会社に年間約四・三万トンが引き取られ、内三・七万トンが製品・部品中古市場に流れて再利用されていた。[1] 差分の六〇〇〇トンがリサイクルされているものと思われる。パソコン一台を平均約一〇キログラムと仮定すると、六〇万台がリサイクルされていることになる。ノートブック型が多くなっているので、一台当たり平均五キロと仮定すれば一二〇万台となる。家電に比べて一桁少ない量である。

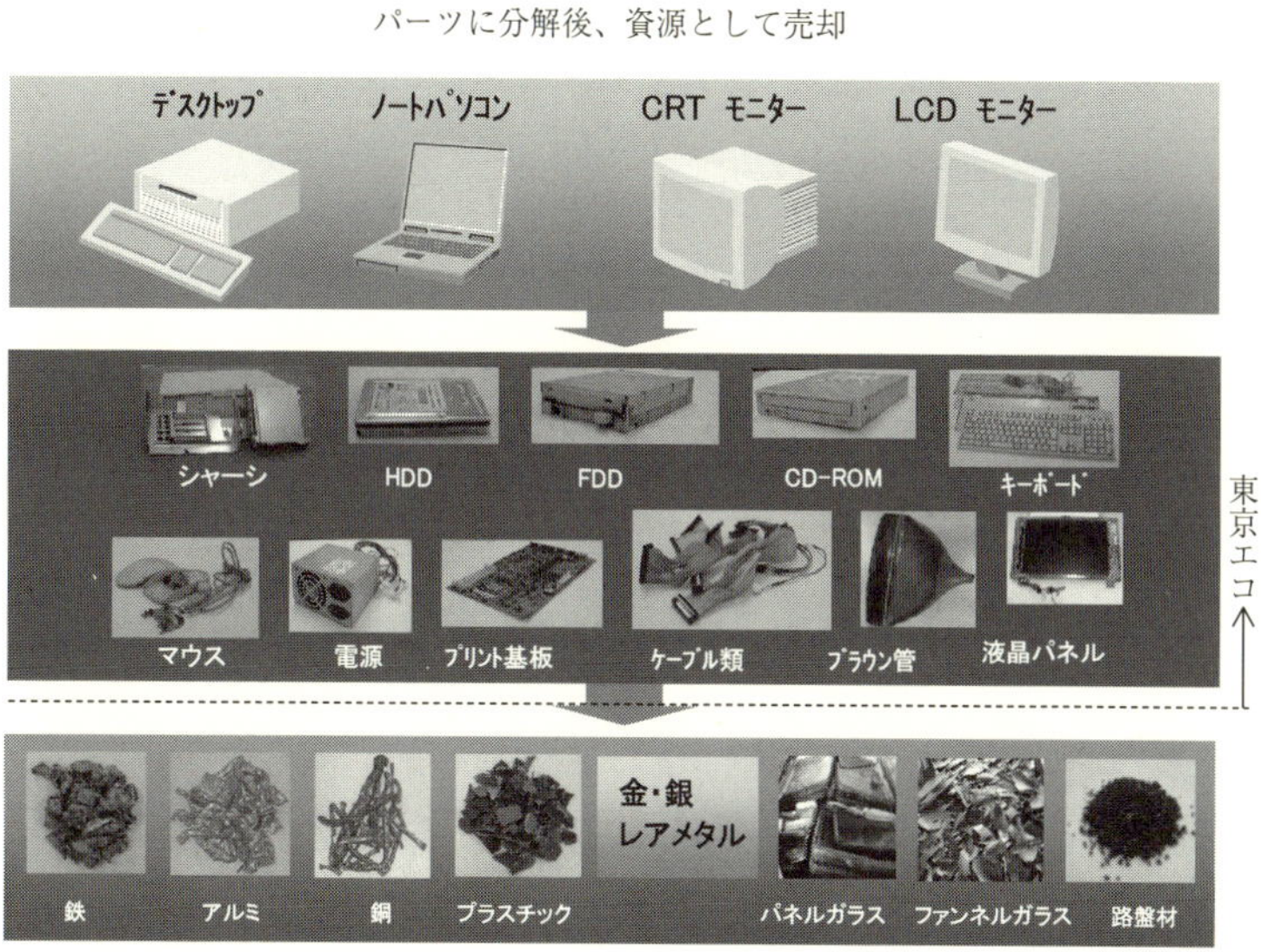

図5-16　パソコンのリサイクルフロー

図5-16は、東京エコリサイクルでのパソコンの分解過程を示す。パソコンはデスクトップ型とノートブック型がある。デスクトップ型についてみれば、CPU内蔵の本体とCRTモニター等からなる。本体には、プラスチックケースのなかにプリント基板が内蔵されている。ここにはCPU、メモリ、IOカード、電源、ハードディスク、FD、CD、DVDなどのドライバー類、冷却用ファン、放熱板、小型ボタン電池が含まれている。これらをそれぞれ回収する。

有害物とレアメタル含有部品の回収

CRTモニターはテレビと同じブラウン管を含むので、テレビのリサイクルラインで分解し、ブラウン管のパネルガラスと、酸化鉛を含有するファンネルガラスとを分

CPU

メモリー

図5-17　パソコンの金含有パーツ例

ボタン電池

バッテリー

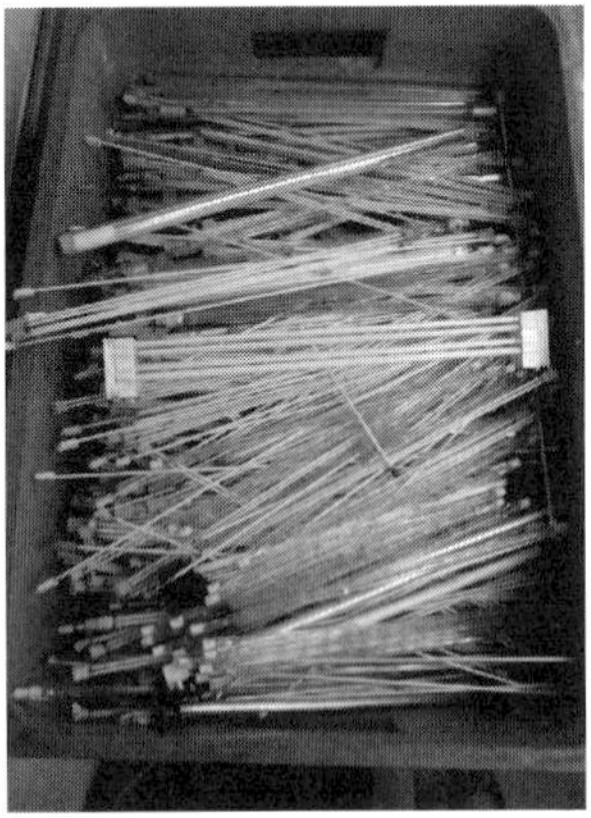

液晶バックライト(蛍光灯)

図5-18　パソコンからの有害物回収

割する。これをきっちり実行するには家電リサイクル工場が最適である。ノート型パソコンでは液晶ディスプレイがついている。液晶ディスプレイの背面には小型の蛍光灯が装着されている。これは水銀を含むので例外なく回収する。

回収したもののうち、CPUとメモリーは使用可能ならリユース品として売却するが、残りは資源として売却する。図5-17は金含有CPUとメモリーの写真である。パソコンが金鉱石であることが如実にわかる。なお、プリント基板や電池類などの有害物は専門の企業に委託する。プリント基板は鉛、銅、金の含有量が多いので、有価で売却する。

一方、パソコンでは図5-18に示すように、本体に内蔵されているボタン電池やバッテリーを回収する。ここには、リチウム、ニッケル、カドミウムなどのレアメタルが含まれ、液晶ディスプレイのバックライトには極細タイプの蛍光灯が使われており、これらは回収する。液晶ディスプレイには透明電極としてインジウムが使用されているが、これは製錬法では回収できない。また、パソコンのプリント基板には、きわめて微量ではあるが、バリウム、クロム、水銀、ベリリウム、カドミウムが含まれている。[16] そこで、これらを安全に処理するために製錬所に処理を委託する。製錬所ではこれら有害物も含め、同時に金や銀などの希少金属を回収する。濃縮した元素は有害物であっても価値をもち、地上資源のリサイクルに利用される。

ハードディスクの物理的破壊

二〇〇五年四月に個人情報保護法が施行された。パソコンのハードディスクに記憶されている機密

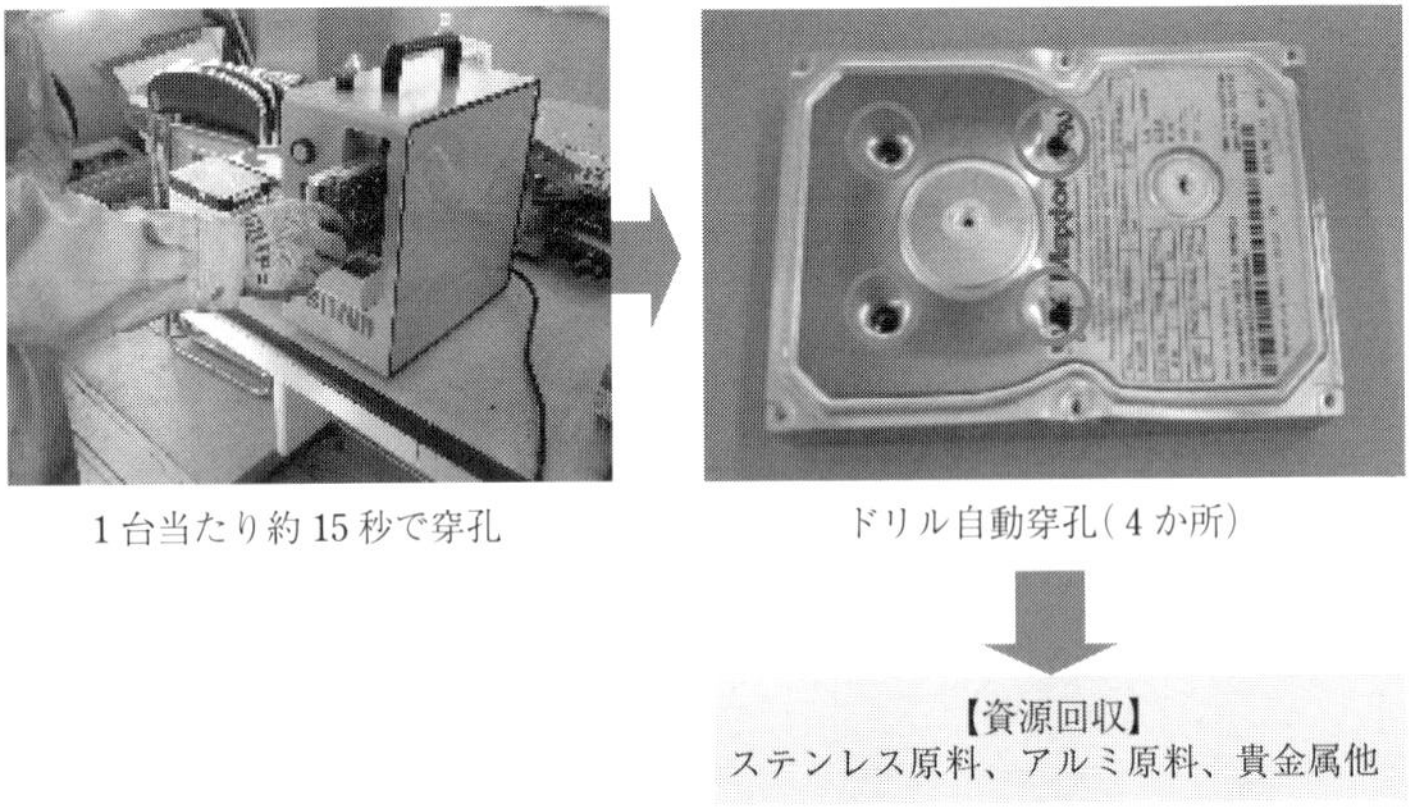

1台当たり約15秒で穿孔
ドリル自動穿孔（4か所）

図5-19　HDD破壊による情報漏えい防止

情報や個人情報をソフト的に消去することは可能である。しかし、外見からそれを判別することは不可能なので、排出者の不安を完全には払拭できない。そこで、東京エコリサイクルでは全品を物理破壊している。「見えないリスクには見える対策が必要」と考えるからである。

具体的には、図5-19に示すように、ハードディスクを湾曲させながら四か所に穿孔することにより、ディスク情報の読取りを不可能にしている。ディスクを単に平面のまま穿孔しただけでは、部分的な情報読取りが不可能ではないからである。湾曲穿孔したハードディスクは、金属資源として売却する。売却先は、家電リサイクルで開拓した信頼できるネットワーク企業群を活用し、立入り監査などで環境リスクを低減させている。今後は、ハードディスクからはレアメタル回収も必要になってくる。

情報セキュリティ対策

パソコンには、情報を記録するハードディスクが内蔵されている。CPUやメモリには情報は記録されない

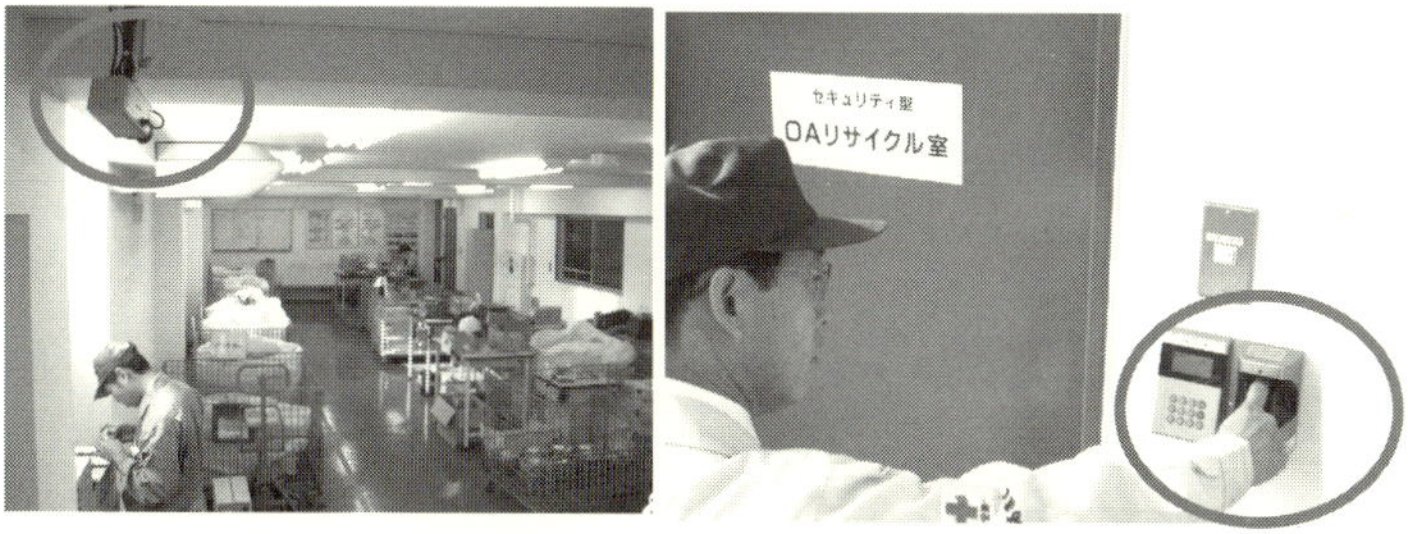

監視カメラによる作業監視　　　指静脈認証による入室管理

図5-20　リサイクル室の管理

が、ハードディスクには読取り可能な情報が多数記憶されている。近年、パソコンなどから個人情報が漏洩する事故が散発しているように、パソコンなどのリサイクルでは、この情報セキュリティを確保することが不可欠になる。

情報リスクを低減させるためには、ハード対策とソフト対策がある。ハード対策としては、パソコンを安全に保管し、かつ分解するためのセキュリティ型のＯＡリサイクル室を建設した。部屋は指静脈認証（図5-20）で登録して、その作業者のみを入室可能とした。さらに、分解室の作業を常時二台のカメラで録画し、抑止力を高めている。さらに、出入り口には金属探知機を設置し万全を期している。

情報漏えいを防止するソフト対策として「プライバシーマーク」認証を取得した。プライバシーマークとは（財）日本情報処理開発協会・プライバシーマーク推進センターが認証するもので、ＩＳＯと同様にPlan-Do-Check-Actionを、情報管理について自律的にまわす仕組みである。プライバシーマークは、ソフトウェア生産やＩＴ関連企業で積極的に取得する動きがあるが、東京エコリサイクルはこのような厳重な管理体制をリサイクル業界で初めて構築・取得し、情報リスクを低減させている。具体的内容は、（1）従業員の教育、（2）作業者の特定、（3）入退室管理の徹底、（4）監視カメラの設置である。ソフト対策として、従業員は従事内容に応じて個人情報取扱い方法・規則を教育する。たとえば、パソコンリサイクル作業者であるが、管理部門では家電リサイクル作業者に比べて教育の内容を高めている。（3）と（4）のハード対策は先に紹介したとおりである。

第6章

家電リサイクルがリードするサステナブル製造業

地上資源のリサイクルはどのような意義があるのか、費用や便益はどうなっているのか、さらに、リサイクルの環境効果として二酸化炭素削減量を試算しつつ、環境と経済は両立できるのかについて述べたい。また、リサイクル料金の考え方についてもふれる。それらをベースにして、持続可能な社会での製造業のあり方はどのように変わっていくのか、展望しよう。

1．リサイクルの費用と便益

社会的費用

法施行時の最大の問題は再商品化料金（経済的ハードル）であったが、排出者、小売店、製造者、行政それぞれの立場で理解がなされ、二四〇〇～四六〇〇円（指定引取場所までの一次物流費を除く）に落ち着いた。高額にもかかわらず不法投棄も微小にとどまり、物流・リサイクルの流れが整然と進んでいる。日本では、政府が一〇年近くかけた周到な準備と先見性が功を奏したといえよう。ただ、このリサイクル料金には種々の議論があるので、後でふれる。

社会的便益

現在、全国のリサイクル工場では約三三万トンの金属・プラスチックが有価で売却され、資源として再利用されている。資源（金属、石油）が有限である以上、循環利用は避けられない。二〇世紀までは一方的に地球から採掘するだけの資源消費型文明であったが、これを文字どおり循環型文明に移行させることが二一世紀の課題である。リサイクルによって埋立量が抜本的に減少したという、環境負荷の低減だけでなく、雇用の創出（約二三〇〇人）にも貢献した。また東京都については、従来の行政による家電四品目の処理費用より、再商品化料金のほうがかなり安価であった[17]。社会性、環境性、経済性がともに向上したことは画期的である。リサイクルを余分な費用とみるのではなく、社会の持続性を維持するための「産業」にするという目論見が成功している。

著者らは、このような社会的先進性が、地球規模での持続可能社会実現のグローバルなモデルになると信じる。たとえば、EU以外の諸国ではこれから法規制を強化する動きがあるが、日本の経験が生きることを期待したい。

経済性と環境性の両立

「混ぜればごみ、分ければ資源」という言葉がある。リサイクル産業における手選別の分水嶺は、分けた資源の売却益が分けるためのコストを上まわるかどうかと、有害物を適切に除去できるかである。重要な点は、廃棄物を有価物に変えれば、それがもっとも有利であることである。

家電リサイクル企業の収入は、(1)再商品化料金の一部と、(2)有価物の売却益である。支出は、(3)設備償却費、(4)人件費、(5)廃棄物処分費、(6)その他の会社運営費用である。分解工数を増やすことによりアップできる(2)有価物売却益が、(4)人件費を上まわれば、分解工数を増やすことになる。したがって、分解レベルは資源売却単価の関数である。この関係を模式的に図6-1に示す[18]。まず分解費用は分解工数に比例するから、A直線で示すように直線となる。他方、有価物売却益は分解工数を増やしてゆくと、Bカーブのように次第に飽和してくる。BカーブとA直線の差が利益であるから、これが最大となる分解工数が最適となる。この領域を経済領域とする。なお、限界点を越えれば不経済となる。

もう一つの重要なポイントは、家電に含まれる微量の有害物を取り除くことにある。有害物を除

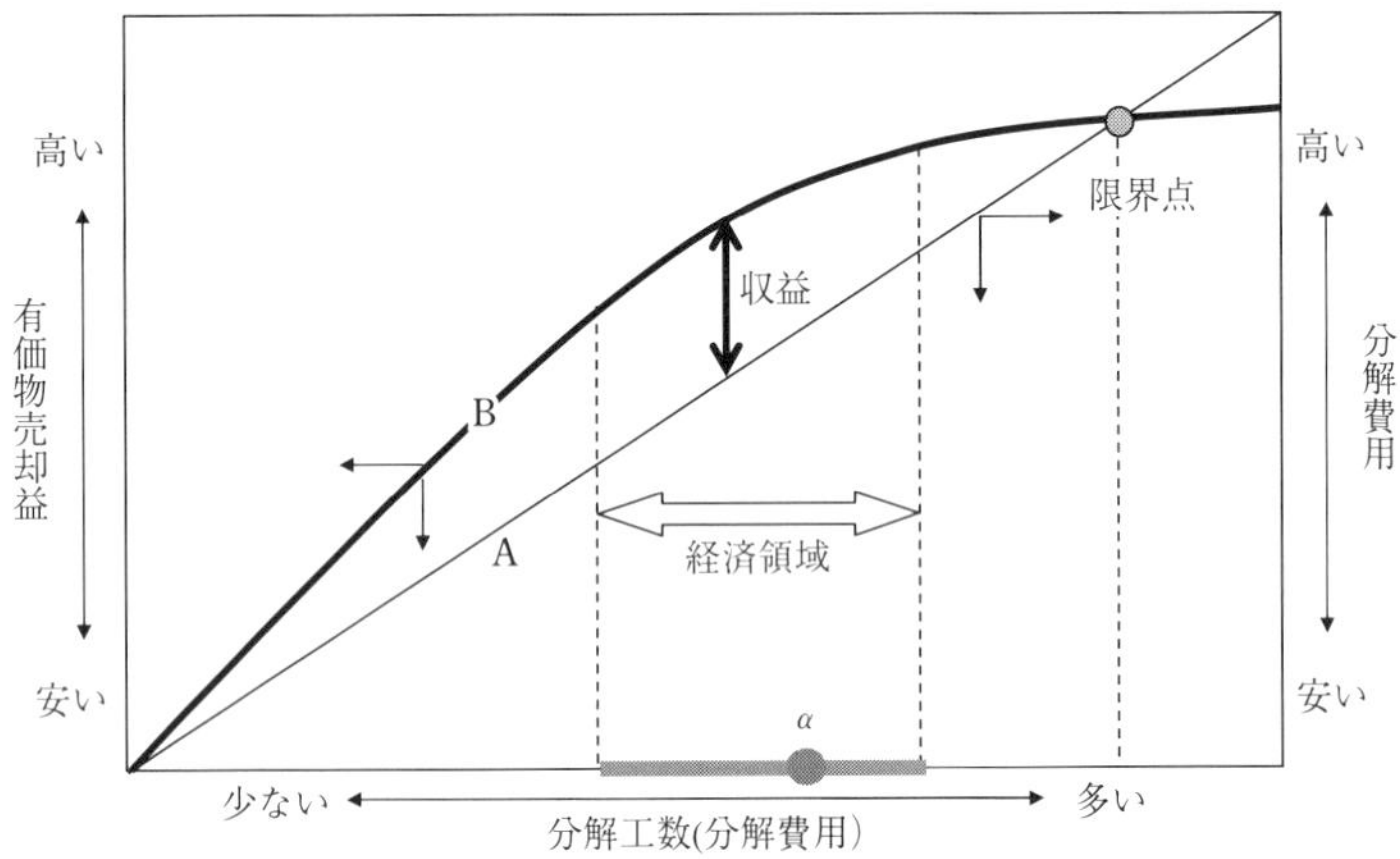

図6-1　経済領域の範囲

去・回収するためには、分解工数がかかるとしても現実には手分解しか手段がない。これを模式的に図6-[18]2に示す。分解工数を増やせば増やすほど、有害物回収量は増加する。しかし、有害物を微量成分まで回収しても、回収量は量的にはほとんど増えないので、Cカーブのようになる。有害物は鉛やフロンなどの、法律で規定された回収は当然実施し、さらに疑わしき部品は手間がかかっても自主的に回収する。Cカーブが飽和するα点が有害物除去に必要である。したがって、図6-1の経済領域と図6-2に示す必要分解工数を勘案してα点が実運用の分解工数となる。

図6-2に示すように分解工数が小さい場合、たとえば手分解が不十分なままで、おもに一括破砕する欧米の方式では、有害物は回収されにくく、破砕によって破砕物中に分散してしまう。破砕物はマテリアルリサイクル、燃料、産廃のいずれかになるので、これは緩やかな環境汚染につながりかねない。

一般的にいって、わが国で法律の施行前には、設計

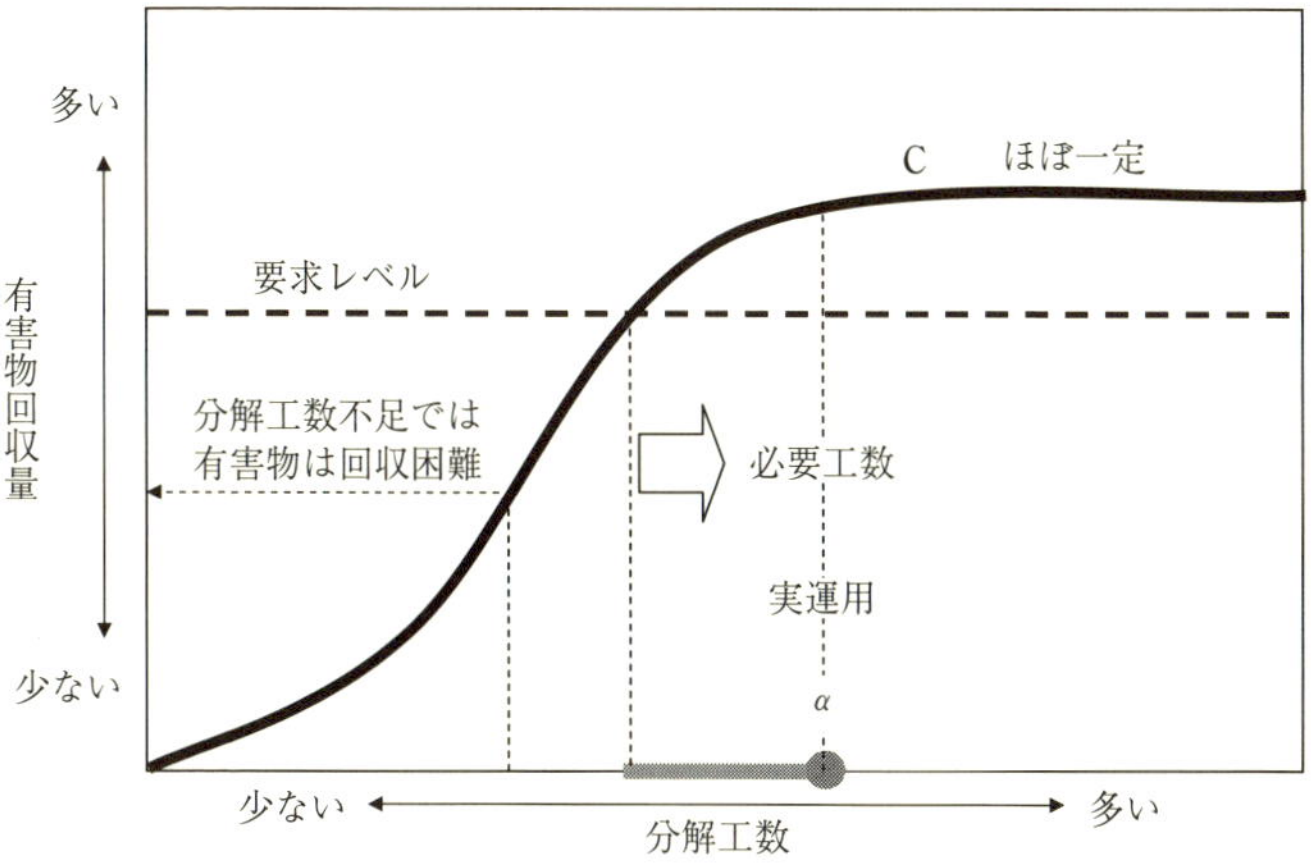

図６-２　有害物の回収

段階では影響が未知であった物質（たとえばアスベスト）が新たに発見されるようになって、その除去が環境保全のために不可欠になってきた。そこで、経済性は損なわれても環境保全レベルを向上させるよう努めている。

資源環境は激変した

私たちが技術開発を始めた一九九一年、法律が施行された二〇〇一年ならびに現在では、資源の市場環境が大きく異なる。法律施行後の二〇〇三年まで、鉄や銅スクラップの価格はトン当たり鉄が数千円前後、銅は一五万円未満であった。また、プラスチック生産の一次原料である石油の値段は一バーレル当たりたかだか三五ドル未満であった。このような環境下で決められた再商品化率は、金属とガラスの売却を前提にして五〇～六〇％に制度設計され、高額の再商品化料金をもらっても家電リサイクル企業は経済的に持続可能でなかった。

ところが二〇〇三年半ば頃から、鉄、非鉄の価格が高騰しはじめ、二〇〇五年からは石油の価格も急激に上昇しはじめた（図3-3参照）。資源が有限である以上、価格高騰はいつかは訪れると予期していたが、予想以上に早くその第一波が現れた。その結果、売却益が確保されて倒産する企業もなく推移している。

2．リサイクルによる環境効果

リサイクル料金は高いか

二〇〇八年四月現在、リサイクル料金は冷蔵庫では四六〇〇円、洗濯機は二四〇〇円、エアコンは三〇〇〇円、テレビは二七〇〇円である。

ここで、リサイクル料金を水道料金と比較してみる。一般家庭の下水道料金（二〇立方メートルと仮定）は月に一〇〇〇～五〇〇〇円である。[19] これを高いと思う人はいるだろう。しかし、もし下水道がなければ水環境がどうなるか皆わかっているし、水洗トイレが快適であることも十分承知している。

汚水が未処理のまま川や湖沼に流入すれば当然水質汚濁が進む。下水道普及率が低かった二〇年前はそうであった。河川や湖沼で魚が死んだり、アオコや赤潮といった水質異変も発生していた。中国は今これを克服しようとしている。日本でも、河川水や湖沼水を水源にしている多くの人々は、この未処理排水混じりの水を浄化して飲料水にするしかすべがなかった。したがって、下水道料金を毎月支払うことを不思議に思う人はもういない。これが二〇世紀後半の常識になったのである。下水にかぎらずリサイクル料金の絶対額の妥当性について今後も議論されてゆくことを歓迎するが、地球で生きる必要経費であることは再認識したい。

さて、家電製品である。これを廃棄するとき、一回につき二四〇〇円から四六〇〇円は高いだろうか。たとえばもっともリサイクル料金の高い冷蔵庫であるが、一〇年も二〇年も使い、故障しただろうか。冷蔵庫などは、ほとんど故障していないと思う。一日も休まずクールに動き続け、しかも文句もいわない冷蔵庫。買い換えて引き取られた後は、リサイクル工場で金属やプラスチック資源に再生する。この資源は家電製品だけでなくあらゆる用途に利用される。

これらのことを考えると、「ありがとう。また、新しい製品に生まれ変わって戻っておいで」と著者はいいたい。家電リサイクル工場にきた使用済み家電製品に対しては「お帰りなさい」、工場で再生した材料には「行ってらっしゃい」と声をかけたい。東京エコリサイクルは、実はこの循環再生というコンセプトでスタートした。

二〇世紀の廃棄物の処分費用は、おもに「埋立て」目的に使われていた。つまり、どちらかというと「お墓」をつくる費用であった。しかし、現在の家電リサイクルは、有害な物質は除去して適正に処理し、価値ある有限の資源を回収し純度を上げ、再び原材料に姿を変え、新たな命を吹き込まれて新しい製品に生まれ変わる。そのための「再生」の費用なのである。これが持続可能な二一世紀の常識になると信じる。

資源生産の省エネルギー性

地下資源から金属を採掘・製錬するにはエネルギーを要する。たとえば、鉄鉱石から粗鋼一トンを生産するには鉄鉱石約一・五トン、石炭約〇・八トン、石灰石約〇・二トンが使用される[1]。原料を地下資源に依存しないリサイクルは、本質的に省エネ型の資源生産方式である。たとえば、鉄系スクラップから電炉で鉄を生産すると、鉄鉱石からつくる場合に比べてエネルギー使用量を約三分の一に低減できる。銅は約七分の一ですみ、アルミニウムは約二〇分の一以下である[7]。鉄鋼業ではすでに製品の三分の一以上が鉄系スクラップからつくられている。鉄にかぎらず、アルミニウムや銅も地上資源に依存する割合が次第に増えている。このことは、都市がすでに、地上資源に依存しはじめていることを意味する。

ただし、いずれも、リサイクル原料にバージン材料を添加してつくるので、地上資源だけで循環させるには至っていない。今後、課題となるのは、鉄・銅・アルミニウムからなる鉄および非鉄スクラップの回収システムの構築であり、スクラップに含まれる微量有害物の除去である。

二酸化炭素の削減効果

リサイクルは資源を無駄に使わない、という面が強調されている。しかし、その間接的な効果は地球温暖化防止である。資源のリサイクルと地球温暖化はすぐには結び付かないように感じるが、地下資源を使わずに製品をつくることは、先に述べたエネルギー消費の低減とともに、製造工程での二酸化炭素排出量を大きく減らすことに貢献する。

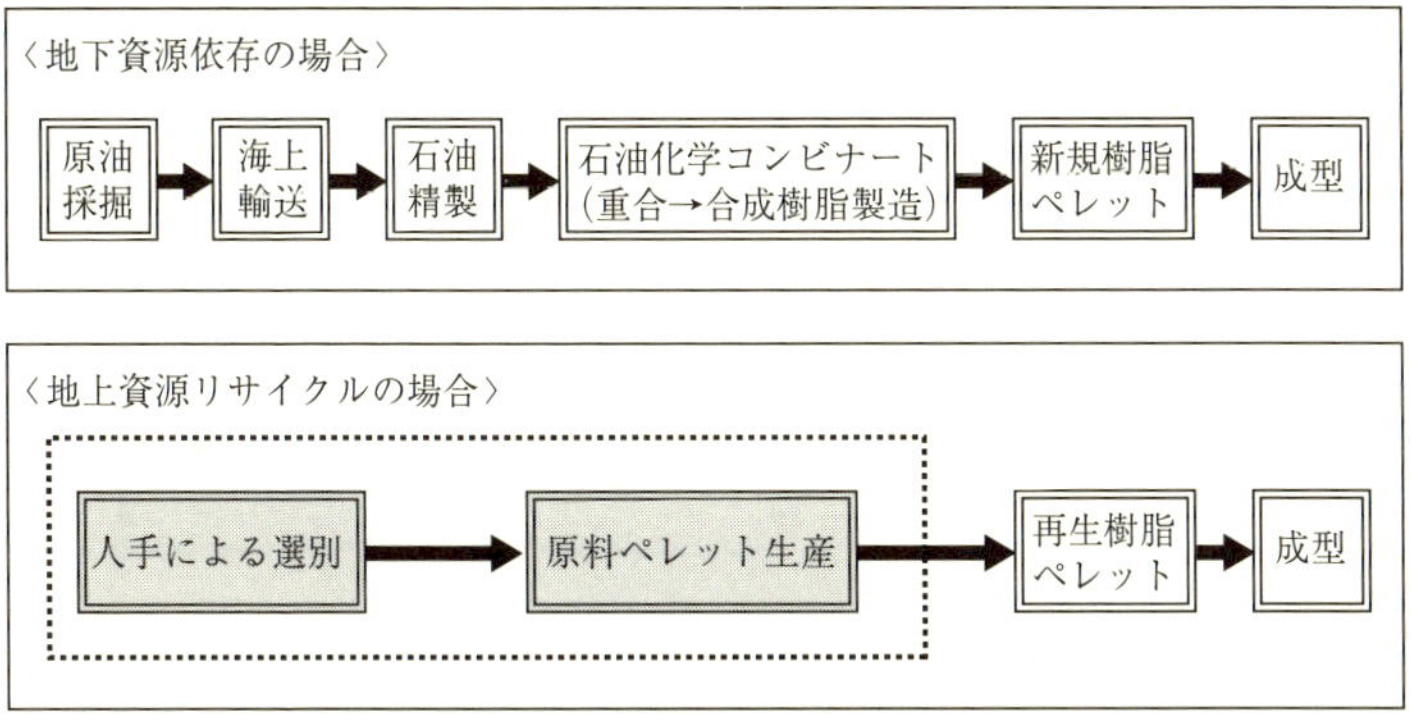

図６‐３　二酸化炭素削減効果試算プロセス

そこで、家電からマテリアルとして回収したプラスチックが石油から生産した場合に比べた効果を、ＬＣＡ（Life Cycle Analysis）という手法で試算した。試算のプロセスを図６‐３に示す。地下資源からプラスチックをつくるには、採掘、輸送、精製、重合の段階が必要である。一方、リサイクルでは人手により選別し、粉砕機で原料ペレットを生産し、樹脂ペレットを経て利用される。これを、東京エコリサイクルを例に試算した。

東京エコリサイクルでは、二〇〇六年度の一年で家電品を約一万三〇〇〇トンリサイクルしたが、この二酸化炭素削減効果は約一万二〇〇〇トンであった。ほぼ、家電品に匹敵する二酸化炭素量を削減できた。これは、原料である石油の値段や、エネルギー原単位が増加してゆけばさらに顕著になる。石油が有限である以上、将来になるほどリサイクルが有利になる。

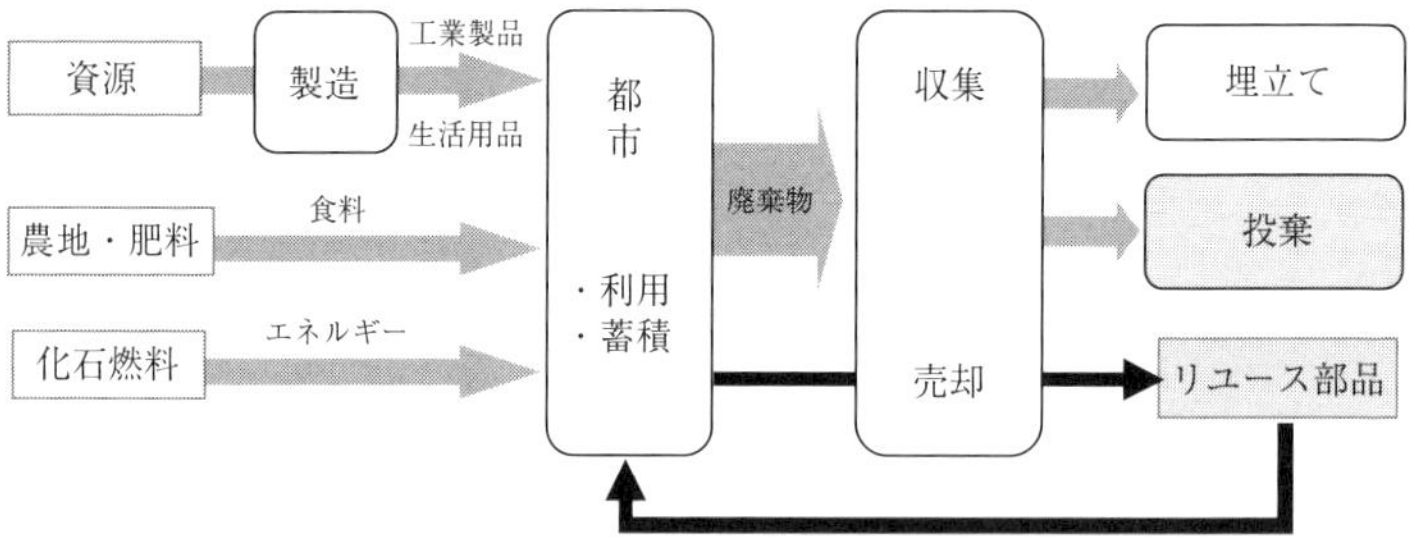

図6-4　20世紀の廃棄物問題

3．二一世紀の都市と製造業

都市像の変化

図6－4は、二〇世紀の都市における物質とエネルギーの代謝を表す。資源を使って工業製品や生活用品を生産し、農地と肥料を使って食料を生産し、おもに化石燃料を使って電気やエネルギーを都市に供給していた。都市では、これらが利用あるいは蓄積されている。

都市への過剰な「もの」の供給は、「大量消費・大量廃棄」につながり、過剰な「食料」は「飽食」の時代をもたらし、「エネルギー」の集中消費は都市の「ヒートアイランド」となって現れた。その結果、廃棄物が生産され、その行き先は、主として埋立てや不法投棄であった。廃熱や二酸化炭素は大気に放出される。

これを、国立環境研究所の森口祐一氏は二酸化炭素の最終処分先が大気であると表現している[20]。大気は人類共通の最終処分先であって、だれも不法投棄しようとは思っていない。しかし現実には、今は自由に最終処分していることになる。廃棄物の世界ではこれは許

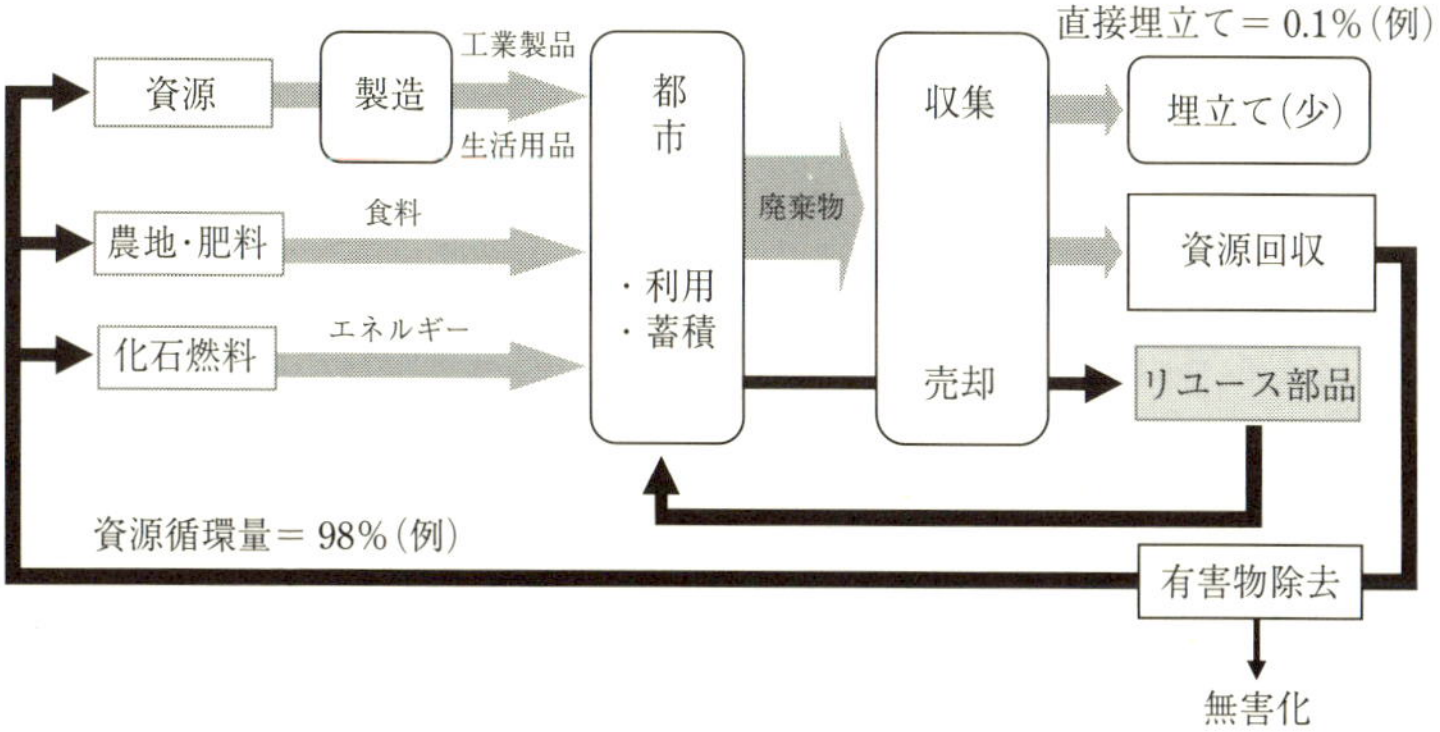

図6-5　21世紀の資源循環例

されていない。

これと対比させて、図6-5に二一世紀の都市像の例を表す。都市スケールでの地上資源のリサイクルを表している。廃棄物の埋立てを極限まで減らし、排出された廃棄物は有害物を分離回収後、原料資源となり、再び都市に循環し、有害物は無害化する。これは、第4章の図4-4に示した地球規模での地上資源のリサイクルの楕円ループを都市スケールで実現する例を示している。

図6-5も観念的な図であるが、少なくとも東京エコリサイクルの家電リサイクルでは埋立て率が約〇・一%、資源循環量が九八%を達成している。直接埋立て量が約〇・一%とは、全量埋立ての千分の一ということである。埋立て寿命を一〇年とすると、この寿命を千倍に延長する力がある。一〇年の千倍は一万年、一〇〇世紀である。これは循環型社会といえる。

家電リサイクルではすでに循環型社会が成立しているのである。

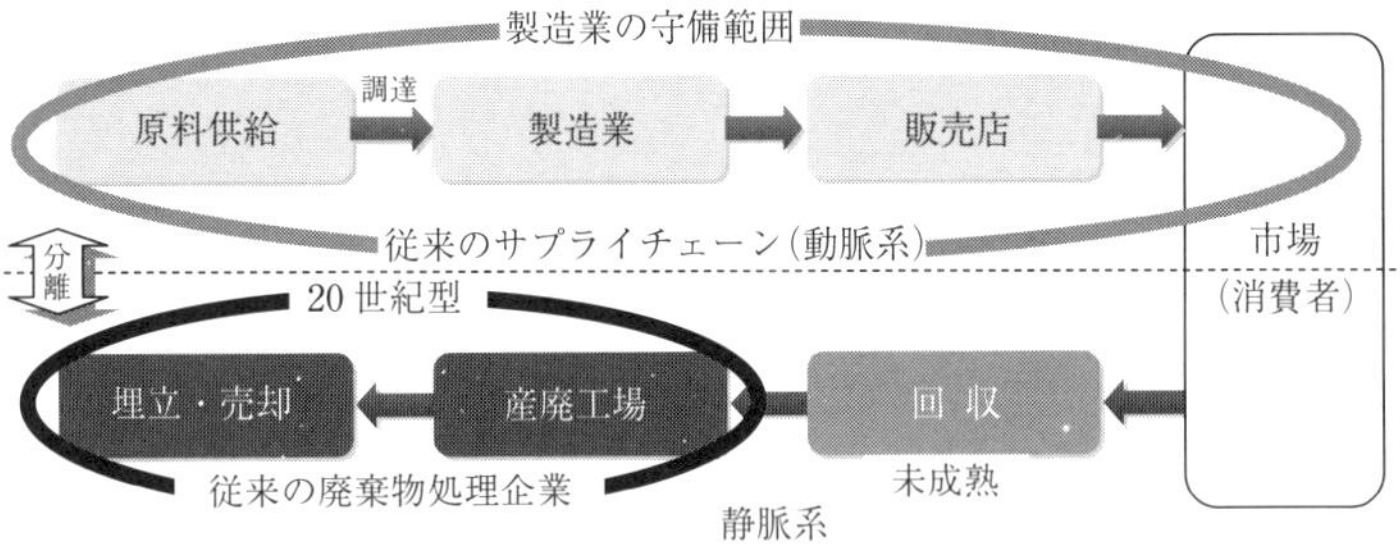

図6-6　20世紀型製造業の思考

サステナブルな製造業

第4章の図4-8に示した地上資源のリサイクルを、製造業の立場から見てみよう。図6-6は二〇世紀型の製造業の物質フローである。二〇世紀型の製造業は、原料を調達し機能・原価主義で製品を設計・生産・販売してきた。この過程では、製造時に排出される汚染物や汚水を極力少なくするように努められ、日本では政府の環境規制政策が成功したといえる。ただ、二〇世紀までは、微量の化学物質については管理が行き届かなかった面もある。製品を構成している部品に含まれるきわめて微量の有害物も未知であったため、その管理を強く求める根拠も薄弱であった。ただ、化学物質は微量であれば安全であり、どこにでも元から含まれている。人間でさえ一人（五〇キログラム）について、もともとカドミウムが三五ミリグラム、水銀が九ミリグラム、ヒ素が一・五ミリグラム含まれている。

市場に供給された製品が、使用後に市場から排出されたものは廃棄物であって、これを回収し、産業廃棄物処理施設（あるいは一般廃棄物処理施設）で処理し、焼却や埋立てがなされていた。この流れは一方通行であって、循環していない。動脈のサプライチェーン

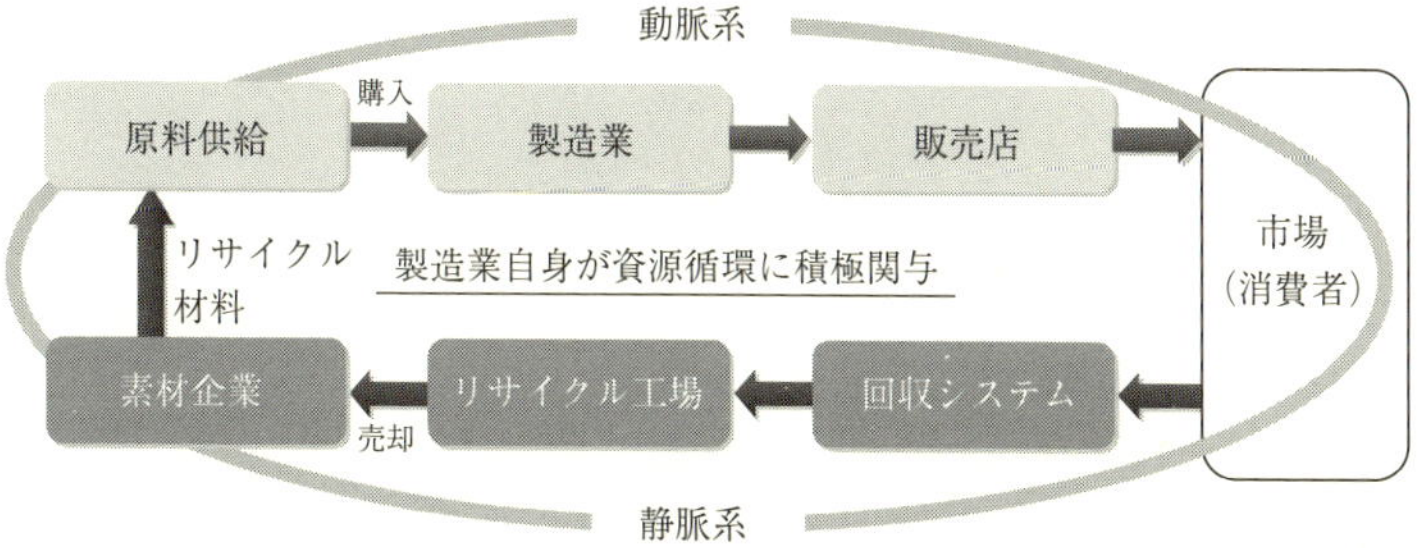

図６-７　21世紀型製造業への脱皮

と静脈のチェーンが分断されているのである。

この対極を図６-７に示す。家電リサイクルに代表される二一世紀型製造業の資源循環である。原料供給、製造、販売、使用、回収、リサイクル、素材利用がループを描いて循環する。家電リサイクルでは、リサイクル工場から生産された資源は、家電に戻らなければならない理由はなく、広く多用途の原料となっている。各種の製品を製造する共通の原料という観点で、動脈系と静脈系が一体となって循環することに意義がある。図６-７は製造業という立場で、図４-４に示した地上資源リサイクルを表している。

日本では、このような循環を他の製品でも行う政策はとられていないが、遠くない将来にはリサイクル対象がさらに拡大するものと予想する。資源が有限だからである。第３章の図３-１で示したように、二一世紀中葉に人口が最大になると想定し、その人口を扶養する資源を製造業がリサイクルによって調達してゆくという戦略を描ければ、これは持続可能社会に漸近する一つの解決策になる。二一世紀になって、製造業は自ら製造した製品の材料、化学組成、機能を一層熟知するようになっている。

このように、循環再生された資源を使って製造してゆくこと、製品を構成する有価物と有害物を峻別・分離・回収し、有害物を適正に処理あるいは管理しつつ有価物の品質を高め、製品を再生産する時代に移行してゆく。二一世紀の製造業は、有限資源を消費するが、リサイクルして循環型社会を先導する位置にいる。このような資源循環型製造業を「サステナブル製造業」と呼びたい。

4．リサイクルの将来像

家電やパソコンから回収している金属やプラスチックのトン当たりの大まかな単価例を図6-8に示す。代表的な回収素材の種類別に一トン当たりの売却単価例（万円）を示した。縦軸が対数であることに注意されたい。ミックスプラスチックより鉄は高価であるが、種類ごとに選別・破砕・除塵したプラスチックペレットは鉄より高価である。重量基準では、再生プラスチックは鉄より約二倍も高価なのである。アルミニウム、銅と右にゆくほど一層高価になり、パソコンから回収したCPUチップで製錬所に売却するものは、一トン一〇〇万円を超えている。再利用可能なCPUは約一〇〇〇万円になる。実は、回収量はほぼこの順番で逆に少なくなり、たとえば、鉄やプラスチックは一〇〇〇トン単位で回収できるが、CPUはkg単位である。したがって、高価なものが回収できるからといって、売却益がとくに増えるというわけではない。

現在、レアメタルそのものは回収していないが、レアメタルを含有した部品類は回収している。パソコンのプリント基板、ハードディスク、電池（図5-18参照）などであり、レアメタルを回収可能

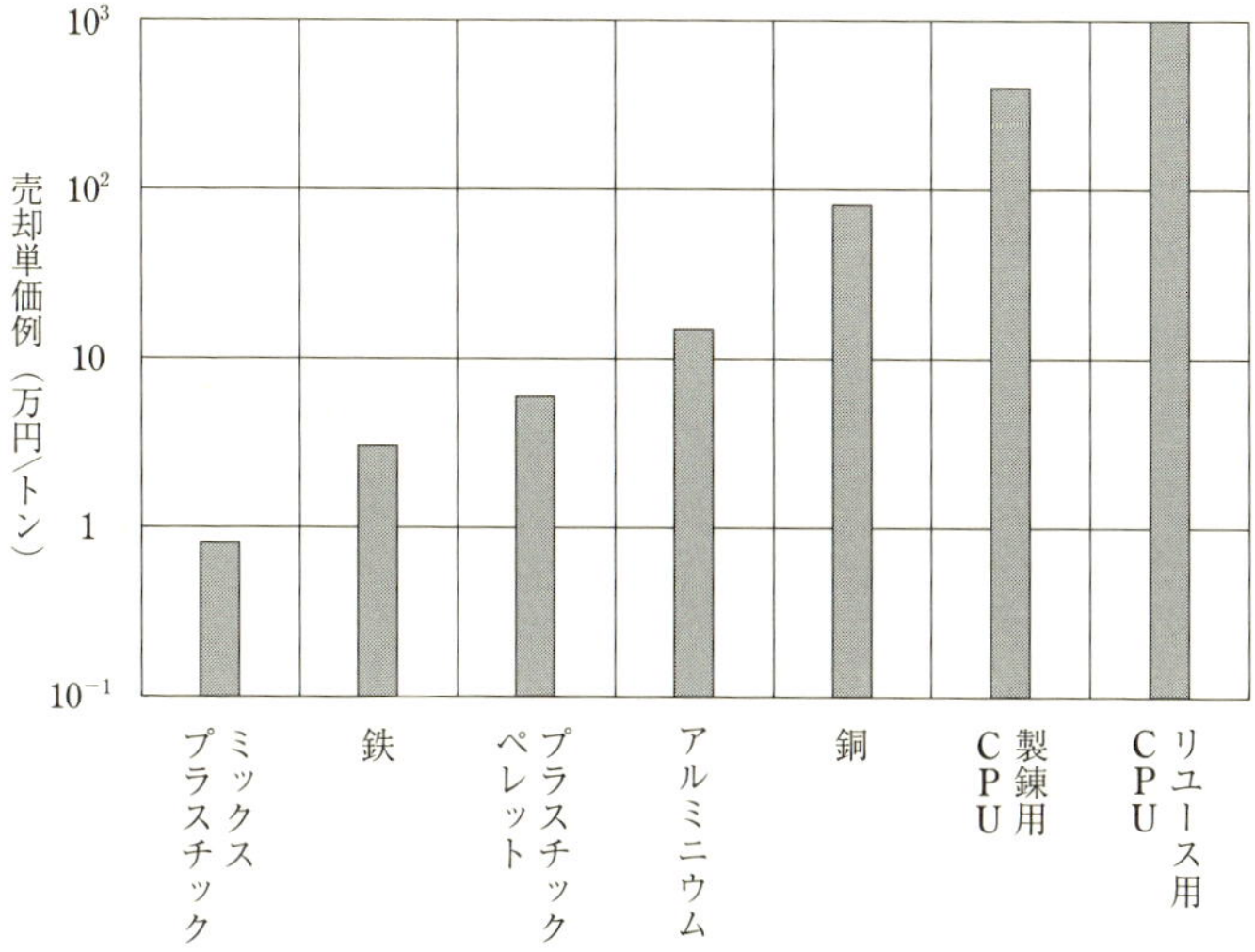

図6-8　有価物売却単価例

な製錬企業に売却している。ただし、製錬コストは高いので図6-8の延長では議論できず、再利用可能なCPUよりさらに高価になる。パソコンなどが含むレアメタルとしては、たとえばパラジウムがある。パラジウムは基板一トン当り約三〇〇グラム含まれる（表4-7参照）。パラジウムだけを集めて製錬し、仮りに一トン集めると約一四億円になる。また、希少金属である金をもし一トン集めれば二五億円になる。もちろん、そのためのパソコン回収台数は天文学的数値になり、現実には回収できない。

将来、レアメタル含有パーツを極力切り離して回収できるようになれば、レアメタル鉱石としての価値が増し、売却時の条件も向上するだろう。今後、それを実現させる技術が現れることもあり得る。そのような鉱石に対しては、現在の製錬法以外の技術が有効かもしれない。もし、そのような技術が出現するとすれば、それは、地下資源を前提にした、二〇世紀型マイニング技術とはかなり異なり、省エネ型の「地上資源マイニング技術」になるだろう。

第7章

世界のリサイクル現場から考える日本の役割

世界のリサイクルはどうなっているのだろうか。著者らの現場体験にもとづき、実態を浮彫りにしたい。把握しきれない部分や全体像については所轄官庁や調査専門機関の資料にゆずるとして、現場での観察をお伝えすれば、むしろ世界的なリサイクルの流れを理解して頂けると思う。日本のリサイクル事情に続き、ＥＵ、アメリカ、中国の現場の実態を紹介し、それぞれの地域への期待を語りたい。

1. 日本のリサイクル

一般廃棄物という分類では、日本には世界の焼却炉の三分の二に相当する約一三〇〇基の焼却炉が集中している。産業廃棄物の焼却炉は、小型を含めると五〇〇〇基ともいわれる。高温多湿、狭隘な風土で、安全に廃棄物を処理するために焼却が必要だったのである。しかし、廃棄物が選別もされずに無造作に焼却されていた二〇世紀から見て、市民の環境意識は飛躍的に高まった。この結果、むしろ、焼却する前の排出時点で資源を分けることにより、焼却量が増えず、むしろサイクル量が増える傾向になってきた。

地上資源リサイクルの代表例として、家電リサイクルについては第5章と第6章で述べた。ここでは、そのほかの電機・電子廃棄物について概観する。日本の二〇世紀後半を振り返ると、機能を果たさなくなった製品は、一部はリユースされていたものの、それを除けば廃棄物になっていた。鉄廃棄物、いわゆる鉄スクラップは、今は有価が当たり前であり、かつ高値で安定している。しかし、産業廃棄物として処分費を払っていた時代もあった。古紙も同様である。多くの家電品は家庭から排出されて自治体の責任で処分されていた。今も大きく変わっていないが、機械で砕いて容積を減らして埋め立て、自治体によっては、砕いた鉄を磁力選別機で回収して、残渣を埋め立てている。

二〇〇一年から家電リサイクル法が施行され、冷蔵庫、洗濯機、エアコン、テレビは一般廃棄物としての処分はほぼなくなり、排出者、小売店、製造企業が協力してリサイクルするに至っている。

法規制以外の家電製品、たとえば扇風機や掃除機、電子レンジなどの処理・処分は自治体の管轄下にあり、現在も破砕されて埋立処分が主流である。先進的自治体である東京都でさえ、破砕後に磁力選別機で鉄を回収するものの、銅、アルミニウム、プラスチックなどは回収されずに、東京湾のかぎられた埋立処分場に埋め立てられている。実際、家庭電気製品にはモーター類が多く使われているので、鉄のほかに銅やアルミニウムなどの鉱物資源を含み、またプラスチックも多く使われている。これらの家電製品が価値なきものとして今も地下に埋め立てられている状況は、改善の余地が大きい。

ドイツを中心にリサイクル先進国を見習い、日本は二〇〇一年の家電リサイクル法を契機に、消費者負担によるリサイクルを本格化させてきた。この少し前から、日本は、先輩格のヨーロッパを越えて資源の分別回収という運動が市民の間に強く定着し始めた。当初はびん・缶などの単一素材のものだけが対象になっていたが、この分別回収活動を通して、環境意識が高まり「混ぜればごみ、分ければ資源」という考えが広く国民に支持されるようになった。

分別した原材料から再び製品をつくる際のエネルギーやコストが、バージン原料からつくるよりも高いものもある、といわれている。それが正しいとしても、バージン原料の単価が高くなれば、リサイクルのほうが必ず有利になる。プラスチックの原料となる石油や、自動車をつくる鉄・銅・アルミニウムは有限の資源であるから、すべてリサイクルせざるを得なくなるのである。したがって、地上資源の浪費を節約しようとする行動規範は、二一世紀の普遍的な規範になってくるに違いない。この動きを、未来に備える本能的なアクションと捉え評価したい。

2. ヨーロッパのリサイクル

高い意識が支える

ヨーロッパは環境意識の高い地域である。たとえば、ドイツは資源分別回収システムを世界に先駆けて社会に定着させたといわれている。イギリスでは個人の住宅に代表されるように長く物を使う文化が根づいている。そのため、アンティークショップが多く、食器類からドアノブに至るまで多種類パーツのリユース市場が形成されている。アンティークショップに売却できないものは、市の収集場所に市民が車で自主的にもってくる。これをリユースし、リユースできないもののみを破砕処理し埋め立てている場合が多い。

ヨーロッパの法規制と実態

EUでは、電機・電子製品のリサイクルについては二〇〇三年二月から表7-1に示すWEEE（Waste Electrical and Electric Equipment）規制が始まっている。一〇〇品目近い電機・電子機器が規制され、品目数では日本よりはるかに多い。しかし、WEEE指令が発令されたあとの実施は国ごとの裁量に任されているため、進捗は個々に異なっている。[21]

また、表7-2のANNEXⅡに示すように、除外すべき物質としてPCB、水銀、電池、プリント基板、トナーカートリッジ、臭素系難燃剤プラスチックなどがあげられている。しかし、化学物

表7-1　EUの電機・電子廃棄物の管理対象（WEEE）

カテゴリー	品　目
①大型家庭用電気製品	大型冷却製品、冷蔵庫、冷凍庫、洗濯機、衣類乾燥機、食器洗い機、調理用機器、電気コンロ、電子レンジ、電気暖房機器、電気ラジエーター、扇風機など
②小型家庭用電気製品	電気掃除機、縫製・編み機、織機、アイロン、揚げ物調理器、コーヒーミル、電気ナイフ、ヘアドライヤー、電動歯ブラシ、電気かみそり、時計、はかりなど
③ITおよび遠隔通信機	中央データ処理関連機器、パーソナル・コンピューター関連機器、複写機、卓上計算機、ユーザー端末システム、ファックス、電話機、携帯電話など
④民生用機器	ラジオセット、テレビセット、ビデオカメラ、ビデオレコーダー、楽器など
⑤照明装置	家庭用照明器具を除く蛍光灯照明装置、直管型蛍光灯、小型コンパクト蛍光灯など
⑥電動工具（据付型の大型産業用工具を除く）	ドリル、のこぎり、ミシン、旋盤、フライス盤、研磨機、溶接・はんだ工具、噴霧・散布・飛散処理装置、芝刈り・ガーデニング用工具など
⑦玩具、レジャーおよびスポーツ機器	電車またはカートレーシングセット、ビデオゲーム、コイン・スロットマシン
⑧医療用デバイス（すべての移植製品および病原菌に感染した製品を除く）	放射線療法機器、心電図測定器、透析機器、人工呼吸器、核医学診断用装置、分析器、冷凍庫など
⑨監視および制御機器	煙探知機、ヒーティング・レギュレーター、サーモスタット、家庭用測定機器など
⑩自動販売機類	ホットドリンク・コールドびん・缶用自動販売機、貨幣用自動ディスペンサーなど

表7-2　EUの有害物除去規制（ANNEX Ⅱ）

分別回収された電機・電子廃棄物から除去すべき物質、部品	1）PCBを含むコンデンサー 2）水銀を含むスイッチやバックライト等 3）電池 4）携帯電話のプリント基板および表面積 $10cm^2$ 以上のプリント基板を含むデバイス 5）トナーカートリッジ類 6）臭素系難燃剤を含むプラスチック 7）アスベスト 8）CRT 9）CFC/HCFC/HFC/HC 10）ガス放電ランプ 10）液晶ディスプレイ 11）外部電線 12）耐火性セラミック・ファイバーを含む部品 13）放射性物質を含む部品 14）電解コンデンサー（高さ・直径 25 mm 以上）

質や含有部品の回収実態は、日本の家電リサイクルほど充実しているわけではない。このように、規制は充実しているが、実行は今後の課題である。

著者らは、二〇〇六年にイギリスとドイツの代表的な民間リサイクル工場を訪問した。いずれの工場も、冷蔵庫やテレビなどの大型家電製品は日本の徹底分解を簡素化した方法が採用されていた。たとえば、冷蔵庫は手分解でコンプレッサーを取り外しており、またテレビはブラウン管を回収していた。この方法は日本と同じである。また、冷蔵庫は断熱材に含まれるフロンを回収することも実施されていた。しかし、小型の家電製品は、手分解せずに一括して破砕機に投入し破砕していた。破砕後は磁力選別、渦電流選別で、鉄と非鉄を回収する。ドイツのリサイクル工場では、破砕機出口の破砕物から電子回路基板を人が除去する工程を設けていた。電子回路基板には鉛はんだが使われているからである。その後の磁力選別、渦電流選別により鉄と非鉄を回収していた。

日本とイギリスを比べる

日本の家電リサイクル対象製品は四品目と少ないが、リサイクル率はかなり高い。一方、日本では四品以外の小型家電品については、破砕して鉄を大まかに回収するが、基本的には埋立てが多い。これらのことから、イギリス、ドイツは総合的に見ると日本よりも進んでいるといえる。イギリスとドイツの課題は、表7-2に示した有害物質の回収を守り、かつレベルを一層上げることである。なぜなら、家庭の小型家電製品から電子回路を除去せずに破砕すれば、基板は細かく砕かれてしまい、破砕粉末を回収することはむずかしい。その結果、破砕物には微量の鉛が残留することになる。ところが、破砕物は埋立てやプラスチック類として売却されることになる。この方法は、鉛が低濃度でも残留してしまうという点で持続可能とはいえない。「混ぜればごみ、分ければ資源」という考え方からすれば、極力、混ぜるべきではないのである。

前述したように、WEEEの一人当たり回収量は年間四キログラム（実態は二〇キログラム／人／年ともいわれている）を二〇〇六年の目標にしていたが、日本では家電四品の回収量を一人当たりに換算するだけで三・五キログラムになる。品目数では少ないが、回収量はWEEEに匹敵している。このことから、EU圏ではWEEEの回収そのものが十分機能していないことがうかがわれる。

一例として、国連大学の調査によれば、ヨーロッパの電機・電子廃棄物のリサイクル率は、大型電化製品では約四〇％、中型家庭電化製品は二五％、小型電化製品はほとんどゼロに等しいと報告されている。さらに、ヨーロッパ全体では現在二二〇万トンの電機・電子廃棄物が回収されているが、二〇一一年にはこれを約五三〇万トンに増やすことも可能と指摘している。品目数が多く、ヨーロッパ全体に規制をかけている先進性があるので、今後、リサイクル率や有害物回収のレベルアップがなされれば、もう一度トップランナーになるだろう。

3．アメリカのリサイクル

規制の考え方

アメリカは潤沢な土地、資源、人口をもつ大国である。多量に消費されて発生する廃棄物は、もっとも安価な方法、つまり埋立てを中心にして処分されてきた。紙、生ごみ、プラスチック、ガラス、金属類、木材等、ほとんどが埋め立てられている。[16] アメリカでのテレビやパソコンなどのリサイクル率は、表7-3に示すように高いとはいえない。このほかの電子機器を含めると、二〇〇五年の廃棄量は約二五〇万トン、このうちリサイクル量は約一〇%といわれている。つまり、アメリカの廃棄物処理とは、荒削りに表現すると輸送と埋立てのことであった。

不要となった自動車、家電品、ハイテク製品は、使用可能なものはアメリカ国内で再利用され、そうでないものは他の国に輸出されている。一方、使用不能の製品は基本的に埋め立てるのが普通であった。ところが、過去を振り返ると、埋立物からは有害物が浸出し地下水を次第に汚染することが次第にわかってきて、スーパーファンド法に代表されるように、汚染の責任を、埋立者あるいは埋立物

表７-３　アメリカのリサイクルの実情

品目	排出量	リサイクル率
	万トン／年	％
テレビ	76	13.4
ブラウン管モニター	40	24.5
プリンター、キーボード、マウス	32	26.1
デスクトップパソコン	26	26.1
ノート型パソコン	13	13.4
携帯電話	1	19.2

（ナショナルジオグラフィック（日本版）、2008−1、p.79 より作成）

の製造者に求めるようになった。

このような背景のもと、アメリカでは日本でいう「一廃」か「産廃」かという分類でなく、連邦法上は“Hazardous Waste”と“Non-Hazardous Waste”に大別されている。家庭系の電気製品であっても、同じように分類される。日本は「家庭か企業か」という排出元の違いに着目し管理重視で分類するのに対して、アメリカは「有害か無害か」という環境への影響を判断する尺度で分類している。ＥＰＡ（連邦環境保護庁）の定める資源保全再生法（ＲＣＲＡ）でも、固形廃棄物に対する法律はある。しかし、鉛や水銀を含む製品が有害廃棄物と掲げられているだけで、具体名はないようだ。鉛や水銀がどの製品にどれほど使用されているか全製品について調査できないためと思われる。「リサイクル」の定義に分類されるのは金属回収、熱利用、埋立てなどであるが、リサイクルの具体的政策は州の管理下にある。最近の傾向として、連邦法のもとで先進的州は規制を厳しくしていることを評価したい。

二〇〇七年秋に、（財）製造科学技術センターの調査団がこれら先進州を中心に視察した。電機・電子廃棄物のリサイクル法が施行されている州は、カリフォルニア州、メイン州、メリーランド州およびワシントン州である。カリフォルニア州では二〇〇五年にリサイクル法が制定され、現在の対象機器はテレビ、CRT、液晶パネル、携帯DVDプレイヤーなどで、購入時にリサイクル費用を州に納める「前払い制」である。州政府は使用済み機器を回収してリサイクル企業に委託する。費用は重量一ポンド当り四八セントである。四八セントのうち収集費用が二八セント、リサイクル費用が二〇セントである。二〇〇六年度の処理量は約六万二五〇〇トン、収入は七八〇〇万ドル、支出は六〇〇〇万ドルの規模であった。

二〇〇七年にはミネソタ州ほか五州が新たにリサイクル法を制定した。各州で内容は若干異なるようである。洗濯機や冷蔵庫など白物家電については冷媒フロンを回収するが、あとは金属回収後に埋め立てるのが一般的な方式である。テレビやエアコンはブラウン家電と呼ばれているが、鉛や水銀を含有する製品であるため、全米でリサイクルする方向にシフトしつつある。一部の州では埋立て禁止の地域もある。

リサイクルの現場

先進州のリサイクル現場は日本同様、人手に依存しているが、多くの場合、日本ほど徹底した分解は行われていない。しかし、リサイクル品目数は、テレビ、CRTモニター、DVDプレイヤー、サーバー、エアコンなど多い。また、リユースが徹底されている工場もあり、整然とした分解部品倉庫をもつ工場もある。分解により発生するプラスチック類は破砕され、先進的企業ではさらに粉砕してプラスチックペレットを生産している。それ以外のプラスチック類は粉砕せずに圧縮梱包し、アジア地域へ輸出しているケースもある。鉄類はアメリカ内で売却されているが、基板類はスウェーデンほか海外に輸出されるケースが多い。テレビやＣＲＴのブラウン管は専門企業に売却している。鉛を含むガラスの一部はカナダに輸出されている。

有害物を含む可能性のある基板類は、バーゼル条約の規制品目に該当する。しかし、アメリカはバーゼル条約を批准していないため、輸出が可能となっている。自国内では有害物処理後の汚染拡散問題で訴訟問題に発展しかねないため、このような仕組みになっているのだろう。

今後は、他国への廃棄物輸出の禁止も含め、グローバルな視点での貢献が求められており、これには応えてゆくものと思う。

4. 中国のリサイクル

中国のリサイクル現場での問題点をマスコミがとりあげることがある。経済発展が著しい国の宿命でもある。しかし、日本もかつては環境への配慮が行き届かず公害に苦しんできたのであって、この経験を生かすすべを知っているのは日本である。そのような改善策を提言したり協力することが重要なのであって、問題点を指摘することではない。

リサイクルの歴史

中国への金属系スクラップの輸出は世界各国におよんでいる。実際に、日本だけでなくアメリカ、カナダ、オーストラリア、ヨーロッパから多量のスクラップが輸入されている。中国に輸入され陸揚げされた鉄系スクラップの山を一般の人が見れば「ごみ」と映るであろう。しかし、リサイクルの専門家が見れば、微量の有害物を含むことはあっても「資源の宝庫」である。これをいかにして安全に資源に分別していくかが課題である。

著者らはこれまで一〇か所近いスクラップリサイクルの現場を訪ねたが、以下に示す例はそれでも実態の一部であって、全貌ではないことをお断りしておく。二〇〇一年以前は、分解作業者がスクラップを持ち帰り、これを家内工業的に分解・選別していた。この方式は一人当たりのGDPが小さい時代に有効で、資源供給源という面でも中国の経済発展を底支えしてきた。しかし、個人作業では管理が行き届かない。このため、地方政府は家内工業を大規模リサイクル団地に集約する施策をとり、環境保全、作業環境管理、有害物管理などを強化するようになった。代表的な施策は、（1）屋根を設けた場所で作業すること、（2）地面をコンクリートにすること、（3）流出する油を回収する枡を設けること、などである。これらの施策は、大きな網をかけて環境汚染を防止するという一定の効果があった。

二〇〇二年当時、金属系スクラップは人が手で分解していた。分解したものは、鉄は電炉へ、銅は製錬所へ、アルミニウムは溶解してインゴットに、プラスチック類は材質ごとに分別して売却されていた。このように、輸入したスクラップを経済発展のための資源として活用している。しかし、作業環境面を見ると、手袋、マスク、ヘルメットの装着は指導されているが徹底されていないこともあった。このような人手による徹底分別は、日本の戦後から高度成長期にかけての実態と似ている。経済発展の過程で一度は通る道ともいえる。分解した残渣は材質ごとに細かく分ける。分けたもののほとんどすべてが売却できるという。少量の価値のないものは、市に費用を払って処分を委託していた。市のごみ処分場では焼却と埋立てをしている。

プラスチックのリサイクル

プラスチック類は複数種類のプラスチックが混合した状態であり、人手で色や材質ごとに分類する場合が多い。また、簡易的な比重差分別や風力選別装置を用いて、材質ごとの選別精度を上げている。選別された単一種類のプラスチック類は、五ミリ程度のフレーク状にして売却される。手選別でもっとも細かく分類していたのは、携帯電話から回収したチップ類であった。粒のようなチップ類を数十種類に分類していた。まさに人海戦術である。

パソコン・家電のリサイクル

二〇〇五年頃、すでに大都市ではパソコンなどの電子機器類について委託費をもらってリサイクルしている企業があった。このような企業は電子廃棄物処理の許可証を行政から取得している。中国で家電リサイクル法は近々公布される見込みだが、二〇〇八年五月現在、まだその義務はない。しかし、先行する複数の企業は率先してリサイクル事業を始めており、これらには、政府の財政的後押しを得

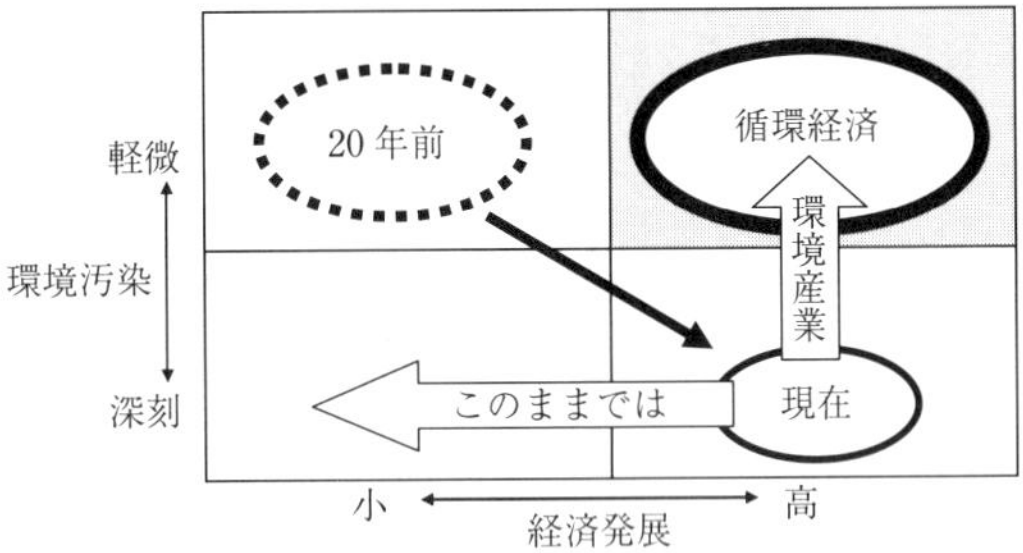

図7-1　中国循環経済（中国では環境産業を発展させつつ経済が発展）

て着手した企業と、独自路線で進めている企業とがある。

二〇〇七年後半になって、複数の家電リサイクル工場が試行的に稼動を始めた。設備はまだ初期投資段階である。操業の実態は家電品を買い取っており、入荷の主体はテレビであった。法律が施行されても、中国では買取り方式になるだろう。

環境政策への期待

中国での環境問題と経済問題との構図を図7-1に示す。一九九二年、鄧小平による南巡講和以前には、経済発展速度が緩慢で、環境問題も深刻ではなかった。しかし、経済発展を重視した結果、環境問題が深刻になってきた。これは日本の過去と同じである。中国がめざすのは、環境と調和した経済発展を進める「和諧社会」の早期実現である。著者が考える「和諧社会」とは、(1)環境との調和、(2)経済との調和、(3)人民との調和である。

(1)の環境との調和は、いうまでもなく資源の循環と汚染拡大の防止である。(2)の経済との調和は、環境産業の育成である。環境汚染防止が国の持続に不可欠であるから、国家の発展を促すには環境産業を持続的産業にすることを政策的に誘導するのがよい。環境産業が「産業」として利益を確保できるなら、ここに参入する企業は必然的に増えてゆく。このメカニズムを国家政策にインストールすれば、おのずと環境産業が離陸し、汚染を防止しつつ持続的国家になるだろう。（３）の人民との調和は雇用の拡大である。多くの人口を擁し経済的発展のポテンシャルの高い中国で、雇用を生み出すことは重要である。

すでに中国は環境問題解決を産業化すること、つまり環境産業の経済的合理性を高める政策を実行しようとしている。中国は、きわめて高い経済発展速度に匹敵するように、環境規制と環境産業育成を政策的にも倍速で誘導することが持続可能国家の要件であることを認識していると思う。

要約すると、中国は経済発展を重視した国家運営から、環境との両立をめざす「循環経済政策」へ大きく舵をシフトしてきた。環境側面の一つが廃棄物問題である。中国は、モノをつくれば売れる、売れれば利益を出せる、そのためには原材料が必要である。鉱山開発でより多くの鉱物を生産する時間的余裕はなく、使用済み工業製品を安価な労働力で徹底的に分解して、そのパーツや素材を原材料とすることが広く行われている。問題は、そのときに発生する有害物の管理である。不要なものにお金をかけて処分するのは経済的でないので、適正に処分しようとする力学は働きにくい。しかし中国政府は、経済発展を維持するには環境保護は不可避との強い認識のもと、トップダウンで先進的な施策を必ず実行に移すと信じる。日本が過去五〇年間に経験してきたことを、倍以上のスピードで改善してゆくと思う。

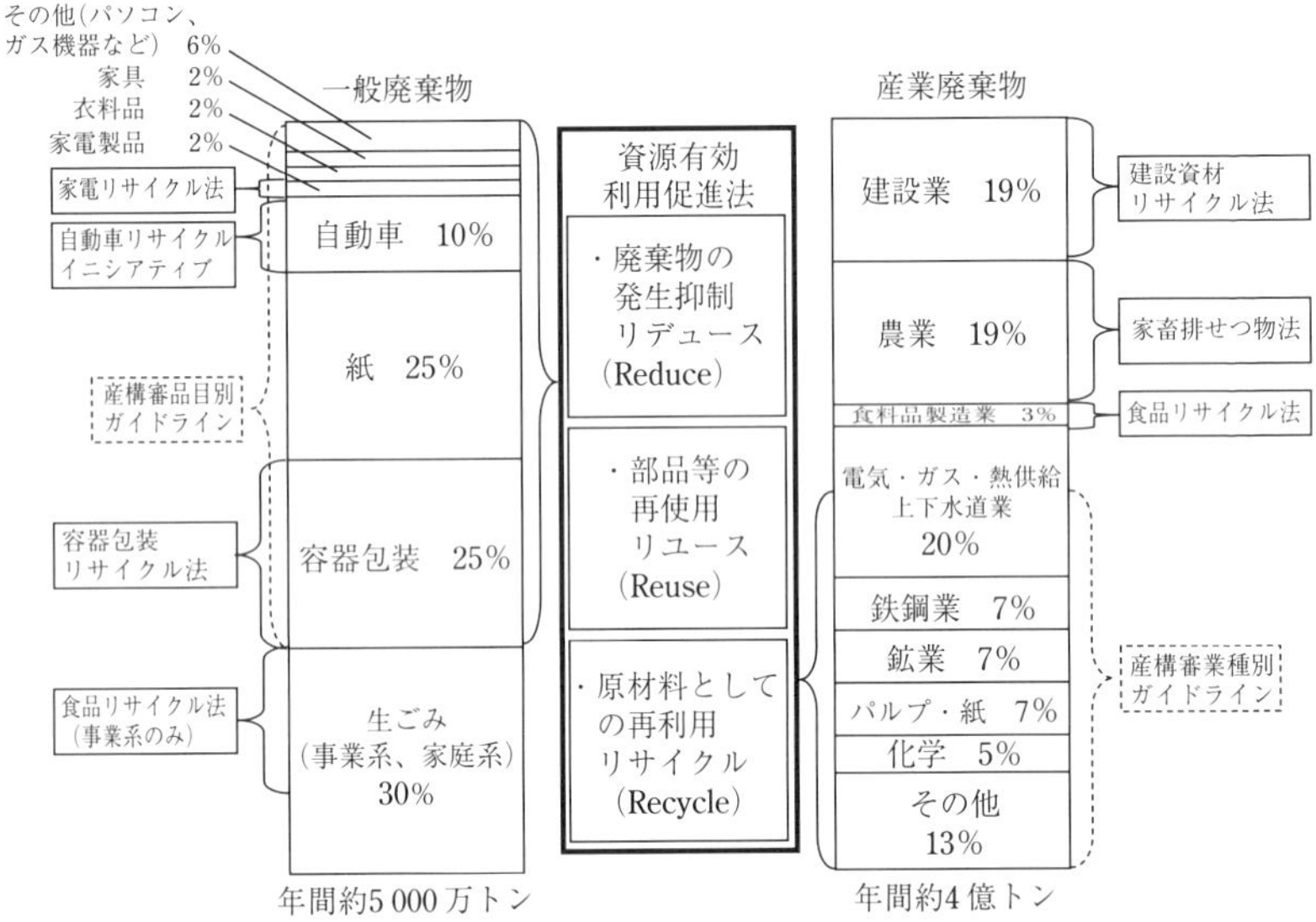

図7-2　資源有効利用促進法の位置づけ

5. 日本と外国との比較

日本では、廃棄物処理法と並んで資源有効利用促進法が循環型社会形成推進基本法のもとに位置づけられている。図7-2に資源有効利用促進法の位置づけを示す。同法の目的は、一般廃棄物と産業廃棄物をカバーして3R（Reduce, Reuse, Recycle）を横断的に促進することにある。規制の内容は表7-4に示すように、（1）特定省資源業種、（2）特定再利用業種、（3）指定省資源化製品、（4）指定再利用促進製品、（5）指定表示製品、（6）指定再資源化製品、（7）指定副産物、が政令により指定されている。

これだけでは何のことだかわからないが、（6）指定再資源化製品とは事業者による回

表7-4　資源有効利用促進法の対象

対　象	内　容
特定省資源業種	副産物の発生抑制とリサイクルを行うべき業種
特定再利用業種	原材料として再利用を行うべき業種、部品等の再使用を行うべき業種
指定省資源化製品	省資源化・長寿命化の設計等を行うべき製品
指定再利用促進製品	リサイクルしやすい設計等を行うべき製品
指定表示製品	分別回収を容易にする識別表示を行うべき製品
指定再資源化製品	事業者による回収・リサイクルを行うべき製品
指定副産物	原料としての再利用を行うべき副産物（電気業・建設業のみ）

表7-5　指定再資源化製品（法第26～33条）

〈指定再資源化製品〉

		再資源化率
パソコン	デスクトップPC	50%
	ノートPC	20%
	CRT	55%
	液晶ディスプレイ	55%
密閉形蓄電池	鉛蓄電池	50%
	Ni・Cd蓄電池	60%
	Ni・H蓄電池	55%
	Li蓄電池	30%

〈指定再資源化製品を部品として使用する製品〉

- ・電源装置、電動工具
- ・誘導灯、火災警報設備、防犯警報装置
- ・自転車、車いす
- ・PC、プリンター、携帯用データ収集装置
- ・コードレスホン、ファクシミリ、交換機、携帯電話
- ・通信装置、無線機
- ・ビデオカメラ、ヘッドホンステレオ
- ・掃除機、シェーバ、電動歯ブラシ
- ・非常灯、血圧計、医薬品注入器
- ・電気マッサージ器、家庭用電気治療器、電気気泡発生器
- ・電動式がん具

収・リサイクルを行うべき製品と定義されている。内訳は、表7-5に示すように、パソコンと密閉型蓄電池であり、この指定再資源化製品を部品として使用する製品としては、電源装置、電動工具、誘導灯、火災警報設備、防犯警報装置、自転車、車いす、プリンターほか、計二九品目があげられている。これらは家庭

から排出される一般廃棄物である。これらの品目数は表7－1のWEEEより少なく、また強制力もない点が政策的弱点である。

さて、日本と海外を比較するうえで、リサイクル企業や行政のマインドについてふれておきたい。CATNAP（Cheapest Available Technology Narrowly Avoiding Prosecution）という言葉がある。これは「ぎりぎりで告訴されないもっとも安い技術」と訳される。[22]環境問題がまだ外部不経済問題であり、CATNAPが合法である以上、リサイクル企業も行政も国によらずCANTAPというマインドが現実の意識と行動パターンではないだろうか。国、企業、消費者を問わず、法規制を遵守すれば極力安いほうがよい。

ところが、日本の家電リサイクル法の長所は、法規制は再商品化率五〇～六〇％に対して、第5章表5－1に示したとおり、二〇〇六年度は約七七％にまでなったということである。家電メーカー群は、このように法規制のハードルを年々越える努力を自主的に続けてきた。これは、注目すべき企業マインドである。この長所が続いている背景として、リサイクル料金を消費者が負担していることが大きい。これを原資にしてリサイクルを着実に行うとともに、技術開発や市場開拓も進め、その結果としてリサイクル率を向上させている。もし、消費者や企業が「リサイクル料金は安ければ安いほどよい」という基準で判断・行動していたなら、これほど先進的な改善は図られなかったと思う。市場原理だけで考えれば、前述のCATNAPという二〇世紀型思考では、環境負荷を減らすよりも利益を増したほうがよいのである。しかし、家電品を使えばリサイクルに料金がかかり、それにより継続的に環境負荷を減らし、さらに資源を創出するということに国民的合意が形成されている。これを、日本の家電リサイクルの革新性として評価したい。

6．未来に向けて

日本では、リサイクル過程で純度の高い有価物（低エントロピー資源）を生産し、同時に、有害物を回収して適正に処理している。地下資源の浪費を抑え有害物の拡散を抑制する意味で、持続可能社会の一モデルといえる。さらにハイテク立国をめざす日本としては、レアメタルを回収・リサイクルする仕組みをつくることが一層重要になってゆく。そこに、家電リサイクルに代表されるような、日本が培った仕組みが役立つだろう。今後は、日本のリサイクル技術と社会モデルをさらに強く国際的に打ち出すこと、レアメタルなどハイテク機器の回収・リサイクルスキームの確立などで、グローバルに貢献してゆくことが求められる。

今後の五〇年間をグローバルに見ると、第3章の図3-1に示したように、人口増加と資源消費が進展してゆく。そのなかで資源は枯渇傾向になり、あらゆる物価が高騰すると予想する。一方、高度成長時代を経験してきた日本は、今、安定した成熟社会へと進んでいる。社会インフラの建設はほぼ充実し、高齢化が進行し、人口は漸減してゆく。このような社会は少なくとも資源多消費型ではなく資源循環型で、かつ社会インフラの維持管理を中核とする時代になるだろう。これは、安定した平衡社会を日本がいち早く経験することになる。そのときの持続可能な先進的社会モデルを、今から構築してリードする好機でもある。

本来、資源に国境はなく、環境にも国境はない。日本と海外諸国でwin-win関係を構築すること、つまり「環境保全を地球規模で産業化」することが、かつてないほど求められている。「産業化」とは「環境と経済の両立」である。

日本がこの分野でリーダーシップを発揮したなら、地球規模での環境保全に貢献できるし、歴史的にも評価されていくと思う。

第 8 章

エコリサイクルと私たちの生き方

地球生態系での炭素の大循環と対をなすアナロジーとして、人類が製造した電機・電子廃棄物を地上で循環することと、その持続可能性について述べる。生態系が持続可能ならば、都市生活も持続可能な姿を追求できるはずである。持続可能な社会を構築する際の制約条件は、地球という一定の空間、かぎられた資源、増加する人口である。このような制約条件のもと、私たちは今後どのような考えをもって生きてゆけばいいのだろうか。

1. 地球の物質循環

地球の炭素循環はエコサイクル

地球上の生命は、地表、大気、海洋間の炭素や窒素の大循環をになっている。第2章の図2－5にも示したが、植物は太陽光と二酸化炭素と光を原料に、光合成という操作により炭水化物（植物自身）と酸素を生産する。また微生物は、寿命の尽きた植物や動物の残渣を酸化・分解し、二酸化炭素を生成する。地球上の炭素量は不変であるが、炭素は地表、大気、海洋間を相互に地表近くで循環している。図2－5では海洋と大気の移動については省略している。このような循環のなかで、生物は世代交代を持続させながら地球の持続を支えている。

微生物は土壌中にも存在していて、動植物の死骸のアンモニアなどを一旦酸化して硝酸イオンや亜硝酸イオンにする。次に、嫌気性微生物（酸素を嫌う微生物群）が脱窒《だっちつ》と呼ばれる還元反応で、それらを還元して窒素を生産する。また、硝酸イオンは植物にも摂取される。

植物の生産する酸素と微生物が生産する窒素とが、地球の大気を満たしている。その結果として、大気中の窒素と酸素濃度は平衡を保ってきた。これがエコサイクルである。しかし、数億年で蓄積された化石燃料をたかだか四〇〇年程度の短期間で燃やしてしまえば、多量の二酸化炭素を生成し、植物や海洋の吸収速度を超えて大気中に蓄積する。この結末が地球温暖化である。地球の物質収支から見れば、一旦、二酸化炭素になったものは、また、石油や石炭を生成する時間、たとえば数億年かけ

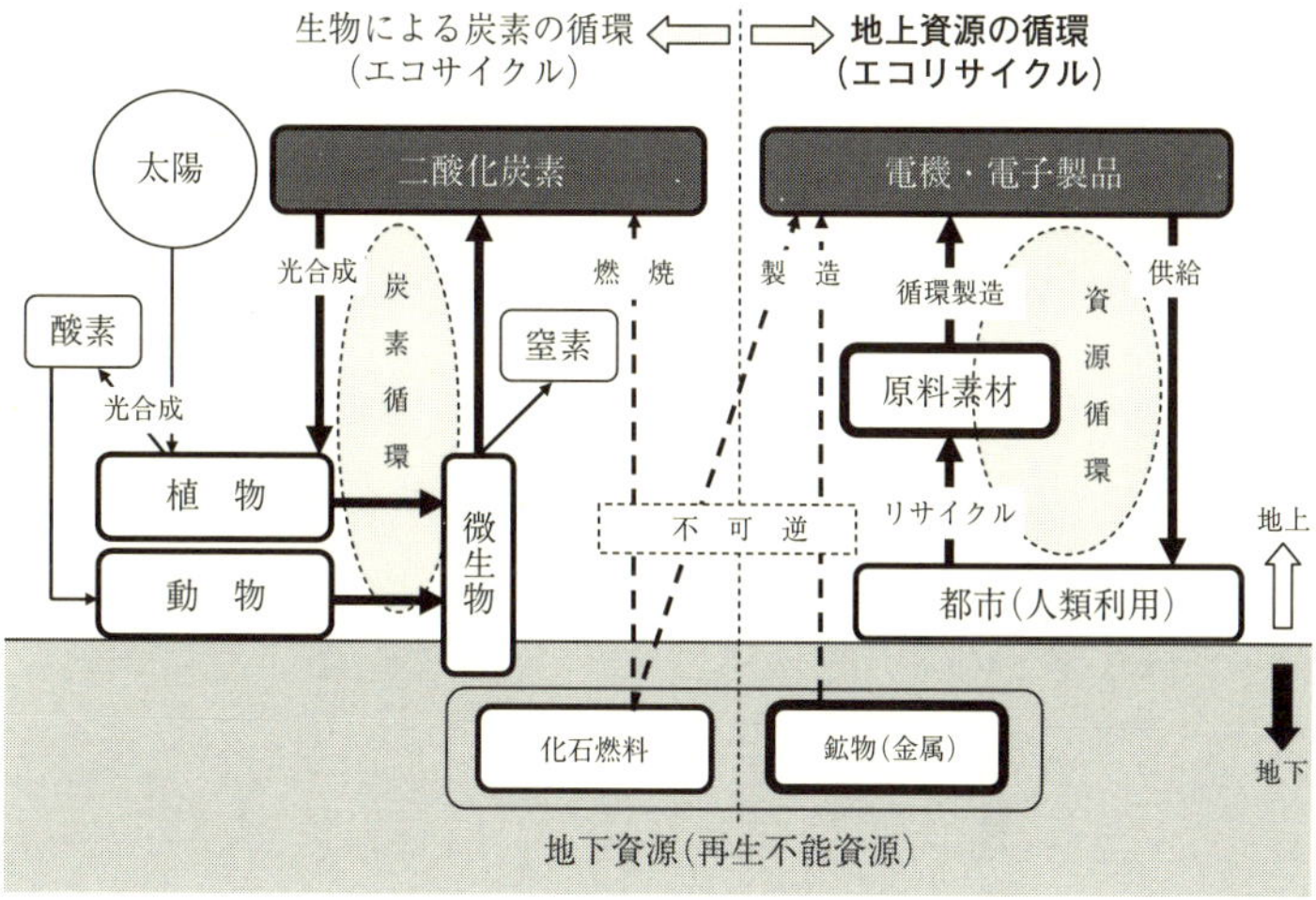

図8-1　エコリサイクルの概念

なければ化石燃料には戻らない。大気に拡散した二酸化炭素を化石燃料に戻せば高いエントロピーを低くできるが、これは人類にできることではない。

資源の人工的循環はエコリサイクル

ここまで述べてきた地球のエコサイクルのアナロジーで、金属資源を中心に地上でこれらを循環してはどうか、というのが本書の中心的命題である。図8-1は、左に生物による炭素循環（エコサイクル）、右に金属を中心とする資源の人為的循環を示している。これは地下から地上に移行した地上資源の循環である。まず、地下の金属資源や化石燃料から電機・電子製品を製造し、これを都市に供給し、リサイクルにより原料素材を生産する。この原料素材を使って電機・電子製品を製造するのである。この電機・電子製品は地上資源である。したがって、もう地下資源に依存することなく、金属とプラスチックでできた製品から資源を回収して地上で循環するのが、地上資源リサイクルである。

地下資源である化石燃料と地下の鉱物とは再生不能資源であるから、いつかはなくなる。これらを地下からきわめて短期間に採掘して地上に移行させているのが人類である。地上に出すのは仕方ないが、出てきたなら、これを循環利用するしか道は残されていない。人類に必要な電機・電子製品を製造してゆくためには、この地上資源の循環が不可欠である。

この循環を持続可能なものにするには、地上資源の循環が「経済的に」成立しなければならない。エコロジーとエコノミーの両立は、農業時代には生態系と地域経済でよかったが、現代は工業化・情報化されたグローバル経済になり、地球経済は地球の生態系に大きな影響を与えている。そこで、環境と経済を両立させたいわけだが、この二つは相反する目標として捉えられることが多い。しかし、その実現なくして人類社会は持続可能にならない。

第6章で述べたように、日本の家電リサイクルはその料金を市民が払うことが大きな成功要因になっている。下水道料金の例を出したように、著者は、すべての循環にかかわる費用は地球に住まわせてもらうための必要経費だと考える。経済的対価を払わずして、持続可能な便益は得られないのである。環境を守るために経済を駆動させる、つまりエコロジーとエコノミーとの両立が求められる。この条件を満たしつつ地上資源をリサイクルすることを、生態系の「エコサイクル」をモデルに「エコリサイクル」ということにする。生態系の「エコサイクル」は自律的に動いているが、「エコリサイクル」は能動的に動かさなければまわらない。しかし、人間がする以上、能動は可能であるから、エコリサイクルの実現は可能であると確信する。一つのオプションは、地上資源の経済的循環を政策にインストールし、地上資源循環産業を育成することである。

2. 私たちの生き方

前節では、地球で生きるには対価が必要であり、その対価でリサイクルするという考えを述べた。次に考えたいのが、私たちの生き方である。私の生き方ではない。有限の地球で私たちが生き続けるためにはどうしたらよいのだろうか。

関心の時空間軸

少し唐突だが、ここで人間の関心の時空間軸について述べたい。「関心の時空間軸」とは、人間が関心を払う時間範囲と空間の広がりである。これを図8-2に示す。実は、この図は『成長の限界』で提示された「人間の視野」を表す図と同等で[3]、人間の関心の時空間を表す概念図であった。正直にいうと、自分の記憶のなかに「成長の限界」がインストールされていることに気づいたのである。横軸が時間、縦軸が空間を表す。人間が幼児から子供へ、青少年へ、そして成人へと成長してゆく過程において、時空間の関心の広がりについて述べたい。

まず一～三歳位までの「幼児」は自分の要求、それも今すぐの要求にしか関心がない。たとえば空腹なときに母乳が好きなだけもらえるかどうかが関心事である。明日、何を食べられるか、母親が食

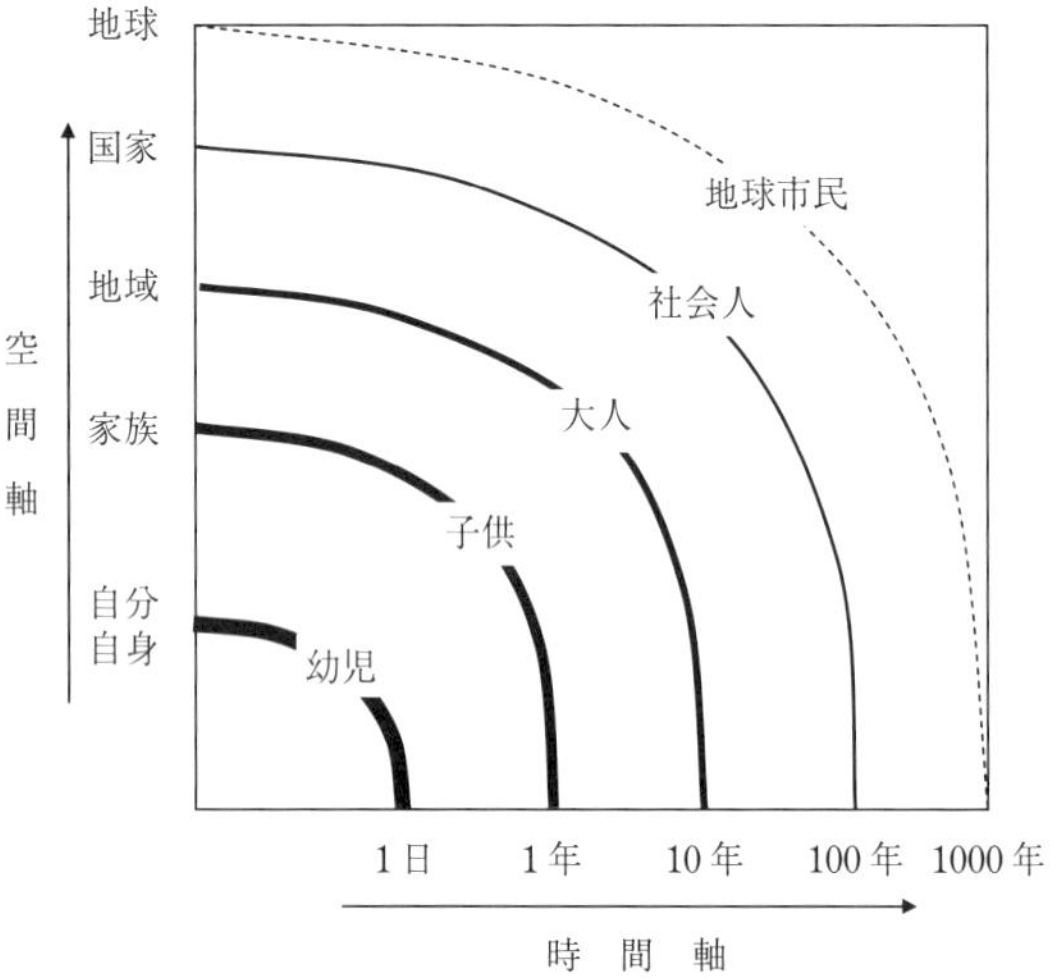

図8-2　人間の関心の時空間軸

事できるかどうかには関心はない。自分さえよければいいのである。三歳を越えて徐々に「子供」になると、食事はしたけれどおやつのお菓子を明日までとっておこうとか、兄弟や友だちが空腹かどうかにも関心が移ってゆく。そうしなければ共存できなくなるからである。少し賢い子供ややさしい子供の場合は、他の恵まれない境遇の子供をかわいそうにと思う気持ちが芽生えてくる。「少年・少女」になれば自分のお小遣いをあげたりすることもある。『レ・ミゼラブル』を読んでもらえば、涙を流したりもする。しかし、子供の関心の範囲は時間軸では長くて一年（次の誕生日）、空間軸では住んでいる地域（歩ける範囲）であろう。

「青年」になれば、歴史や地理学、テレビ、新聞、雑誌、友人などから、世界の現実を学ぶことになる。戦争というものがあり、多くの国には宗教があり、異なる民族と言葉、異質の文化と歴史があること、価値観や文化が異なること、時としてそれらは相容れないという現実を学ぶ。その情報源は、主としてテレビや本などのメディアを通してである。

一方、家族と社会へのかかわりを通して、人間が形成されてゆく。最近では、日本に滞在する外国人が増えるにつれ、多様な世界の価値観を体験的に学ぶ機会が増えてきた。物心がついてくれば、人生とは何なのか、何のために生きるのか、なぜ生きるのか、自分は何に人生をささげようとするのか、世界はどうあるべきなのかなど、哲学的で本質的な思考もするようになる。関心の時間軸は一〇～五〇年（自分の一生）あるいは一〇〇年であり、空間軸は国家、地球におよぶ。

就職して「社会人」になると、多くの人は昔に逆戻りして、とにかく、今月、給料をもらってまずは自分が自立して生活することが当面の課題・目標になる。結婚して子供が生まれると、自分だけでは生きられないこと、自分は自分以外の人間のためにも生きていること、他人もまた自分を必要としていること、世代を超えて家族が幸福に生きられるようになることを願うようになる。関心の時間軸が一〇〇年を越えるのである。また、自分の国だけでなく、世界中の富める国、開発過程にある国にも関心が広がってゆく。日本で生活する外国人の数が増え、逆に日本人は海外旅行が一般化し、世界の事情を肌で感じることができる恵まれた時代になった。

さて、少し余裕のある生き方をする人、あるいは知的レベルに深みのある人は、自分の周囲だけでなく、地域や国、地球にも関心が高まり、個人の生き方や行動も違ったものになってくる。これらの関心の時間的・空間的広がりと人間の成熟度には相関があるだろう。自分さえ今よければよいと思う人はいないわけではないし、いつどこの誰がどうしたとか、どこで何が起こったということ、いわゆる新聞の三面記事や週刊誌のゴシップが気になる人もいる。成熟度の高い人も、もちろんそう思う一面はもっているものである。しかし、多くの人は一〇〇年後に地球がどうなるかについて、本当は関心はない。著者も、実のところ一〇〇年後に関心があるような「気がする」のであって、実態は「一〇〇年後にも関心があるべきだ」というのが実際の心情に近い。

他方、自分だけでなく周囲や地球レベルにも関心が強く及ぶ人、あるいは、一〇年後だけでなく一〇〇年後の地球に関心を寄せる人々の数は次第に多くなっている。環境汚染や地球温暖化を心配し、自らもそれを防ぐべく、小さくはあっても個人的な日頃の行動を自制するようになる。そうしなければ世代が受け継がれないからである。とくに生命を生み育む性である女性は、本能的に危機を感じるレシーバーをもっていて、自分の子供たちが持続して生きられなくなるのではないかという危機を感じているのではないだろうか。女性だけでなく、最近は性別・年齢を問わずかなり多くの人たちが、省エネルギーやごみの分別などに関心を高めている。このような生き方をする人々が増えてゆくことを歓迎したい。

自分の周囲より遠い地域、遠い未来に思いをめぐらす余裕は経済的豊かさから生まれる。食べるものもないのに、他人の心配やあさってのことまでは及ばない。先に運よく発展した先進国は、世界の人々の経済的・物理的制約を改善する仕組みづくりをめざして、グローバルに貢献する責務がある。運よく発展したというのは私たちのことである。私たちは自分の国籍を選択できずに生まれたからである。

第7章でも少しふれたが、日本の経験や哲学を、お仕着せにならないよう注意しながら世界に伝えてゆけないだろうか。

地球市民

持続可能社会というのは、地球の物理的現実に照らして編み出された目標である。いうまでもなく、自分だけあるいは人間だけが傍若無人には振る舞えないことは自明である。いかにして持続的に生き続けることができるかが課題である。そのためには、個人の関心の時間軸と空間軸の広がりを大きくするという哲学を、否応なしに身につけていかざるを得ない。図8-2に示したように、地球規模の空間軸で一〇〇〇年とまではいわないが、一〇〇年程度の時間軸を視野に入れ、地球規模まで意識を及ぼす意欲のある人、生物との共存を視野に入れる人々を、国籍・年齢を問わず「地球市民」と定義したい。「地球市民」の考え方に「冷静に」立つ人は間違いなく増えていると思う。

日本人と地球

日本は、一〇〇〇年前まで山紫水明の国だった。明治の初めに訪れた外国人は、日本の美しさ、日本人の清潔好きと礼儀正しさ、独自に成熟した文化に感嘆した。今では「もったいない」も世界の言葉になりつつある。日本人がどの程度特殊なのか著者にはわからないが、日本人は豊かな自然に抱かれ、つつましく命を育んできた。自然は対峙し征服する対象ではなく、文字どおり環境であり、家である。

熱帯のなかで、爆発する生物群とともに暮らす人々、熱風のなか水さえ十分に得られない砂漠に住む人々、冬にはすべてが凍てつく極寒の地に生きる人々と、生活条件はあまりに違う。日本人は多様な地球環境の中のごくかぎられた世界に生きているが、自然との共生概念をおのずと文化に内包しているのではないだろうか。

今西錦司氏は、ダーウィンの適者生存の進化論に対して、鮎の縄張りの研究を通して「共棲」という概念を提唱した。弱肉強食という西洋的行動規範に対して、共に生きることを自然は認めている、と主張したのである。「棲む」を一般化して「生きる」の字を使い、「共生」という言葉もこの二〇年でよく使われるようになった。共生や共存に心ひかれる日本人は、持続可能な社会を生きるうえで、かなり先端的な民族ではないだろうか。

人々のなかには、漫然と生きている人もいるし、自分のために生きている人もいる。何かのために生きている人もいて、愛する人のために生きる人も多い。しかし、私たちが住んでいる世界、地球に、私たち自身が住めなくなってしまっては意味がない。私たちだけでなく多くの生物と共生・共存しているのである。約一四四万種の生物種が想像もできない四五億年という長い時間を経て進化した結果、その連鎖の結末として、今この地球に生きている。自分あるいは自分の属する種が繁栄し、自分たちだけが生き延びようとする行動様式は確かに「自然」ではあるが、その結果として人間だけが地球上にあふれたならば、宇宙船地球号の乗船員が定員オーバーになり、自分たちさえ生きてゆけないことはだれもが知っている。日本人が、地球と生きる道を提案してほしいと願う。

地球に適した人口

本書は、有限の地球で物理的にいかに生きるかを、金属資源を中心に考えようとしたものである。

そのめざすものは持続可能社会である。この目標に対して第2章の図2-5に示したように、循環型社会の構築と低炭素社会の構築という二つの手段が知られている。このほかの手段は何だろうか。二つの例をあげたい。

図2-5の余白に入れるべき長期的課題のもう一つの例は、人口の抑制である。これはどちらかというと政治・社会・政策の問題であり、小さな地球では人口の絶対量と個人の幸福には強い関係がある。持続可能な社会に生きることをめざし、人口を長期的に制御してゆくことは、社会の合意形成なしには一歩も進まないし、地球規模でもっとも困難な課題である。残念ながらこれに答える力は著者にはない。

そこで、根拠もなくきわめて直感的な見解ではあるが、著者は、持続可能な社会を実現できるのは早くても二一世紀後半で、そのかなり先の地球人口についていえば、たとえば一〇億人でよいと感じている。人口が大きな摩擦なしに徐々に減ってゆけばよいのである。今生きている人々は、すべて人生を全うしていただいてかまわないので安心されたい。地球号の乗船員が多ければ持続的に豊かになるほど地球資源は潤沢でないから、遠い将来には人口も遠慮がちでよいのではないだろうか、という考えである。

人口減少の道は、数十年をかけて実行しても相当困難な道であろう。しかし、緩やかに減少させてゆくことは政策的には可能だと思う。もし、それが可能であり地球の人口が一〇億人になれば、人間は他の動植物とともに生態系にやさしく組み込まれ、地球とともに生きてゆけるだろう。そのような時代が到来すれば、人類はすべての人が自然豊かな地球に、つつましく生きているのではないだろう

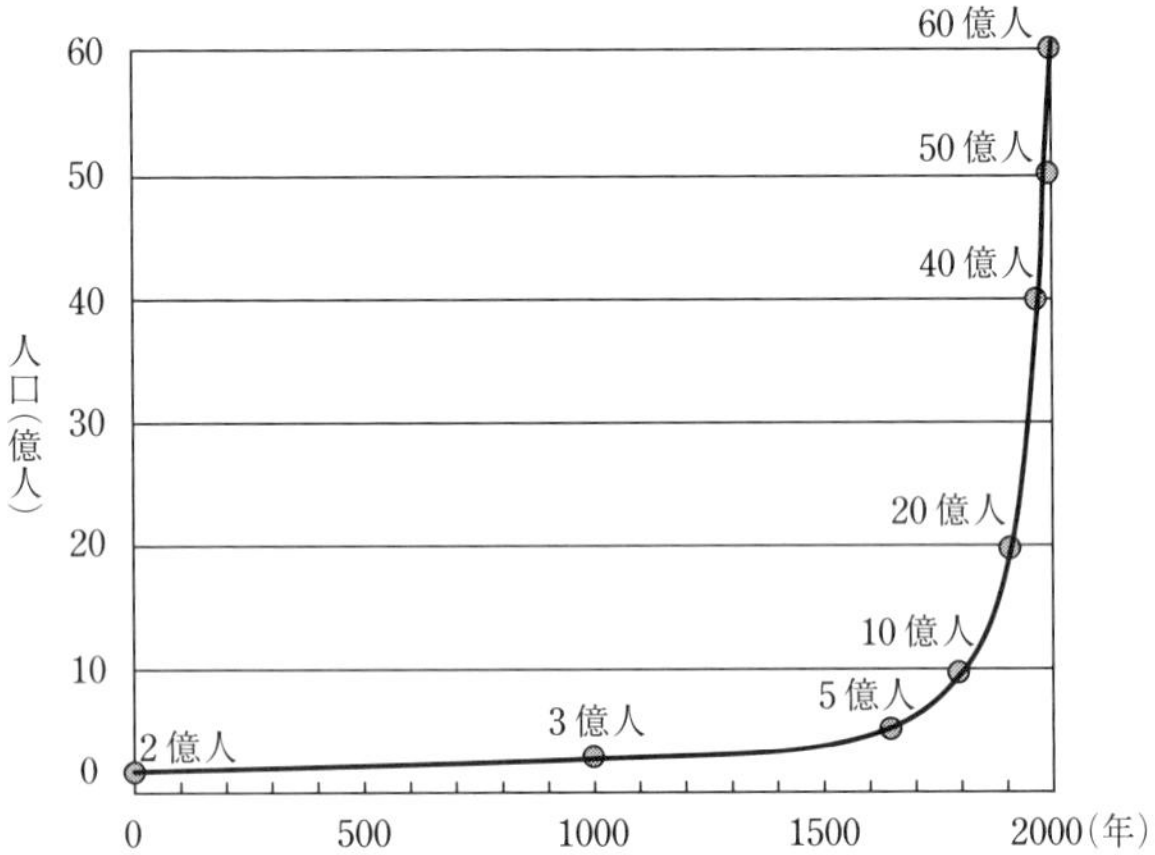

図8-3 地球人口の推移

か。

しかし、それでも持続可能でなければ、三〇世紀頃に地球の人口が五億人でも一億人でもかまわない。キリストの生まれた頃の世界の人口に戻るのである。子孫が未来にも豊かに生きられる道へと、今、少し方向を変えて歩み出せばよいのである。地球が棲めなくなる前に。それは可能であると思う。

参考までに、これまでの地球人口の推移を図8-3に示す。地球の人口が一〇億人以下というのは一八世紀以前のことである。この状態で、人類の生活に何か不都合があったわけではない。都市生活はおそらく自然に影響を及ぼしていたであろうが、破局的な影響はなかった。そんな時代への懐古ともいえるが、地球が温まるほどの人口はやはり多すぎる。

地球で生き続けるために

本書は物理的側面に光をあてた内容なので、その趣旨に似つかわしくないもう一つの側面としては、その対極として「精神的側面」がある。精神的側面とは、文化や歴史、宗教や哲学であろう。著者はこの方面に格別の素養がないが、あえていうなら、従来の多くの宗教は人間の目標や行動規範を規定する枠組みとして、おもに「個人の生き方と幸福」を導いてきたのではないだろうか。個人の外部環境は自然環境であり、都市環境、対人環境である。これまで自然環境と都市環境は外部開放系であったから、個人自身と対人環境を問題にすればよかった。

ところが、地球はこの一〇〇年でまったく有限で小さな宇宙船になってしまった。地球資源を最大限、独占的に利用する人類は、環境と資源との相互作用なしには生きてゆけなくなった。肩と肩がふれあいかねないほど人口が増えた結果、人間同士の相互作用もまた摩擦を生みやすくなっている。人間だけの都合を優先させるとしても、人間も地球環境からの反作用を受ける。この観点からすると、今後は「個人の生き方と幸福」ではなく「地球というバウンダリーで人類の生き方と幸福を視野に入れた個人あるいは社会の哲学」が求められると思う。環境問題を乗り越えるためには、世界の人々がこの大きな命題を真剣に考えて下さるかどうかにかかっている。このことをお伝えして、本書を終えたい。

文献

［1］環境省編『平成一九年版 環境循環型社会白書』
［2］広瀬立成『地球環境の物理学』ナツメ社、二〇〇七年
［3］ドネラ・H・メドウス、他『成長の限界』六七頁、ダイヤモンド社、一九七二年
［4］ドネラ・H・メドウス、他『成長の限界・人類の選択』ダイヤモンド社、二〇〇五年
［5］「日本経済新聞」二〇〇八年三月一九日
［6］末石富太郎『都市環境の蘇生』中公新書、中央公論社、一九七五年
［7］ノーマン・マイヤーズ、ジェニファー・ケント監修・執筆『六五億人の地球環境』一一八〜一一九頁、産調出版、二〇〇六年
［8］小谷太郎『宇宙で一番美しい周期律表』青春新書、七四〜七七頁、青春出版社、二〇〇七年
［9］仲雅之 多元素の製錬分離・回収技術「環境研究」一四三巻、二〇〇六年
［10］http://www.pwmi.or.jp/flow/flame01.htm
［11］http://www.asa.hokkyodai.ac.jp/research/staff/kado/04ch1.pdf
［12］経済産業省『資源循環ハンドブック 二〇〇七』
［13］(財)家電製品協会「家電リサイクル年次報告書」平成一七年度版、二〇〇六年
［14］馬場研二 家電リサイクル施設の運転実績とインパクト、電気学会、誘電・絶縁材料研究会、環境対応電機電子材料・システム、論文番号DEI-02-3、二〇〇三年一月八日
［15］(株)日立製作所・日立多賀テクノロジー(株) 廃家電製品から解体された破砕前の成形プラスチックのマテリアルリサイクルシステム技術の開発「平成一一年度循環型社会構築促進技術実用化開発費助成事業成果報告書」(独)

新エネルギー・産業技術総合開発機構、二〇〇二年
［16］『ナショナルジオグラフィック』（日本版）、七九頁、二〇〇八年一月
［17］（財）家電製品協会「家電リサイクル年次報告書」平成一六年度版、二〇〇五年
［18］馬場研二、吉田隆彦 進化する家電リサイクルと環境配慮設計「環境研究」一四三巻、九五～一〇五頁、二〇〇六年
［19］http://www.hrr.mlit.go.jp/kensei/machi/gesui/g_vision/seibi/1_6a_main.html
［20］「環境新聞」二〇〇七年一月一日号
［21］http://www.jeol.co.jp/services/tenjikai/report/030718_3.pdf
［22］松藤敏彦『ごみ問題の総合的解決のために』一一二頁、技報堂出版、二〇〇七年

著者紹介

馬場研二

1953年に生まれる

1978年　北海道大学大学院工学研究科衛生工学専攻修了

1978年　㈱日立製作所入社。日立研究所で上下水道・水環境システムの監視・制御システムの研究開発に従事した後、リサイクル事業に取り組む

2008年6月現在

㈱日立プラントテクノロジー　理事、環境システム事業本部・環境ソリューション本部長

東京エコリサイクル㈱取締役（2008年3月まで代表取締役社長）

北海道エコリサイクルシステムズ㈱取締役

㈱日立製作所地球環境戦略室シニアプロジェクトマネージャー

工学博士

地上資源が地球を救う

―都市鉱山を利用するリサイクル社会へ―

定価はカバーに表示してあります

2008年 6月25日　1版1刷　発行

2008年10月15日　1版2刷　発行

ISBN 978-4-7655-3432-1 C0040

著　者　馬《ば》　場《ば》　研《けん》　二《じ》

発行者　長　滋　彦

発行所　技報堂出版株式会社

〒101-0051 東京都千代田区神田神保町

1-2-5（和栗ハトヤビル）

電話　営業　(03) (5217) 0885

編集　(03) (5217) 0881

FAX　(03) (5217) 0886

振替口座　00140-4-10

http://www.gihodoshuppan.co.jp/

日本書籍出版協会会員

自然科学書協会会員

工 学 書 協 会 会 員

土木・建築書協会会員

Printed in Japan

© Kenji Baba, 2008

装幀　冨澤　崇　　印刷・製本　三美印刷

落丁・乱丁はお取り替えいたします。

本書の無断複写は、著作権法上での例外を除き、禁じられています。

◉関連図書のご案内◉

リサイクル・適正処分のための廃棄物工学の基礎知識
田中信壽編著
A5・196頁

健康と環境の工学（第2版）
北海道大学工学部衛生環境工学コース編
A5・250頁

ごみ問題の総合的理解のために
松藤敏彦著
A5・190頁

ごみから考えよう都市環境
川口和英著
A5・204頁

ごみの文化・屎尿の文化
「ごみの文化・屎尿の文化」編集委員会編
B6・232頁

進化する自然・環境保護と空間計画
—ドイツの実践，EUの役割空間計画
水原渉訳共著
A5・498頁

環境に配慮したい気持ちと行動—エゴから本当のエコへ—
和田安彦・三浦浩之共著
A5・188頁

市民の望む都市の水環境づくり
和田安彦・三浦浩之共著
A5・156頁

水環境ウオッチング—地球・人間そしてこれから—
水環境ウオッチング編集委員会編
B6・144頁

環境にやさしいのはだれ？—日本とドイツの比較—
K.H.フォイヤヘアト・中野加都子共著
A5・242頁

企業戦略と環境コミュニケーション
—ドイツ企業の成功と失敗—
K.H.フォイヤヘアト・中野加都子共著
A5・230頁

先進国の環境ミッション—日本とドイツの使命—
K.H.フォイヤヘアト・中野加都子共著
A5・244頁

技報堂出版 | TEL：編集 03(5217)0881　営業 03(5217)0885
FAX：03(5217)0886